Pythonによる数値計算とシミュレーション

小高 知宏（著）

まえがき

コンピュータの性能が飛躍的に向上するにつれ、コンピュータシミュレーションの応用分野が拡大しつつあります。本書では、シミュレーションプログラミングの基礎と、それを支える数値計算の技術について解説します。

第1章では、Pythonで数値計算を行う際の全般的な留意点を示します。特に、Pythonによる数値計算プログラムの記述方法や、誤差の問題を扱います。

続く第2章と第3章では、伝統的なシミュレーション技術として、微分方程式で記述された物理現象のシミュレーションを扱います。第2章では常微分方程式で記述された運動のシミュレーションを行い、第3章では偏微分方程式による場のシミュレーションを行います。 ここでは、宇宙船の運動や、電界のシミュレーションなどを題材とします。

第4章では、セルオートマトンを利用したシミュレーションを扱います。この章では、生物コロニーの挙動や、交通渋滞の様相などを、セルオートマトンによってシミュレートします。

第5章の主題は、乱数を使ったシミュレーションです。ここでは乱数による数値計算の基礎を説明し、続いて、微分方程式だけでは説明しきれないような運動を、乱数を使ってシミュレートします。

終章にあたる第6章では、マルチエージェントシミュレーションの枠組みを示します。また、マルチエージェントシミュレーションの枠組みを用いて、感染症の伝播を模擬するシミュレーションを行います。

以上のように本書では、伝統的な数値計算の技術から、先端的なマルチエージェントシミュレーションの基礎までを、Pythonのプログラムを示しながら具体的に解説します。

本書は、先に刊行された書籍『Cによる数値計算とシミュレーション』（オーム社、2009）のPython版です。数値計算やシミュレーションのアルゴリズム自体は、C言語でもPythonでも共通です。しかし、Pythonは現代的な機能を数多く取り入れた言語であり、かつ、ソフトウェアライブラリであるモジュールが豊富に用意されています。そこで本書では、アルゴリズムの原理をていねいに説明するとともに、Pythonの便利な機能を応用する方法も随所で示します。

本書の実現にあたっては、福井大学での教育研究活動を通じて得た経験が極めて重要でした。この機会を与えてくださった福井大学の教職員諸氏に感謝するとともに、研究グループに所属する学生の皆さんや、多くの卒業生諸氏に感謝いたします。さらに、本書実現の機会を与えてくださったオーム社書籍編集局の皆様にも改めて感謝いたします。最後に、執筆を支えてくれた家族（洋子、研太郎、桃子、優）にも感謝したいと思います。

2017年12月

小 高 知 宏

目次

【プログラムファイルのダウンロードについて】

オーム社ホームページで、本書で取り上げたプログラムとデータファイルを圧縮ファイル形式で提供しています。

http://www.ohmsha.co.jp/

より圧縮ファイルをダウンロードし、解凍（フォルダ付き）してご利用ください。

注意

・本ファイルは、本書をお買い求めになった方のみご利用いただけます。本書をよくお読みのうえ、ご利用ください。また、本ファイルの著作権は、本書の著作者である、小高知宏氏に帰属します。

・本ファイルを利用したことによる直接あるいは間接的な損害に関して、著作者およびオーム社は一切の責任を負いかねます。利用は利用者個人の責任において行ってください。

第 1 章

Pythonにおける数値計算

本章では、Pythonで数値計算を行う際の全般的な留意点を示します。初めにPythonによる数値計算プログラムの構成方法について簡単な例を挙げて検討し、次に、数値計算における誤差の問題を取り上げます。

1.1 Pythonによる数値計算プログラムの構成

Pythonは、プログラミング言語として簡潔で強力な記述能力を有しています。それに加えて、Python言語環境には、**モジュール（module）**と呼ばれるさまざまなソフトウェアライブラリが用意されています。問題に合わせて適切なモジュールを選択することで、簡単かつ素早く、正確なプログラムを作成することが可能です。

ここでは、数値計算の簡単な例題を取り上げ、Pythonによる数値計算プログラムの基本的構成方法を示します。またその上で、Pythonのモジュールを活用して数値計算プログラムを構成する方法の基礎を示します。

1.1.1 Pythonによる数値計算プログラム

初めに、Python本来の機能を使って数値計算を行う場合を考えましょう。ここで「Python本来の機能を用いる」とは、特別なモジュールを利用せず、Python単体の言語機能のみでプログラムを記述することを意味します。

簡単な数値計算の例題として、ある数の平方根を求めるプログラムを作成します。多くのプログラミング言語同様、Pythonにも平方根を求めるライブラリは用意されていますが、ここではあえてそれを用いずに、数値計算のアルゴリズムを適用することで平方根を求めてみましょう。

ある数aの平方根を求めることは、次の2次方程式をxについて解くことに相当します。

$$x^2 - a = 0$$

この方程式を解く方法はいろいろ考えられますが、ここでは**2分法（bisection method）**によって解くことを考えます。以下に2分法の考え方を示します。

今、方程式の解の1つをx_1とし、x_1の周辺で関数$f(x) = x^2 - a$がどのような値をとるかを考えます。たとえば$a = 2$とすると、$x_1 > 0$の周辺で関数$f(x)$は**図1.1**のようになります。

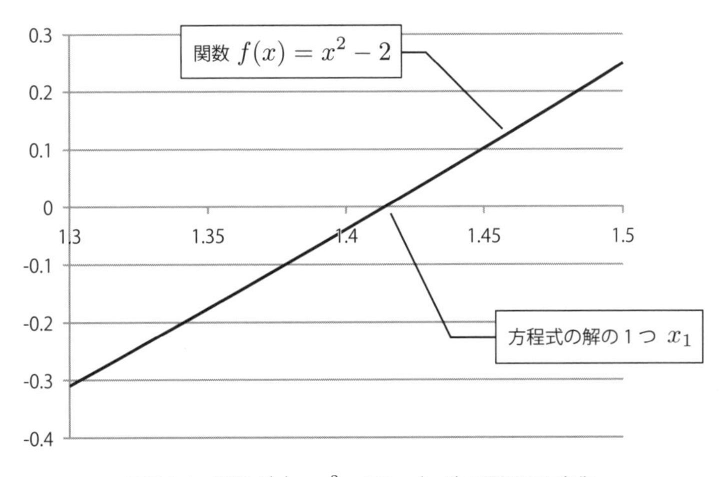

■図 1.1　関数$f(x) = x^2 - 2$の$x_1(> 0)$の周辺での変化

図1.1で、関数$f(x)$とx軸の交点を求めれば、$f(x) = 0$となる解x_1が求まります。2分法では、この交点を求めるために、まず、解の存在範囲の上限と下限を調べます。図1.1の例であれば、$f(x_p) > 0$となる解の上限値x_pと、$f(x_n) < 0$となる解の下限値x_nを適当に設定します。すると解x_1は、x_nとx_pの間に存在するはずです。これを初期値として、だんだんと範囲を狭めていくことで解x_1を求めます。

たとえば今、図1.1より$x_n = 1.3$、$x_p = 1.5$と設定します。つまり解x_1が、1.3以上1.5以下の範囲に存在するとあたりを付けるのです（**図1.2**）。

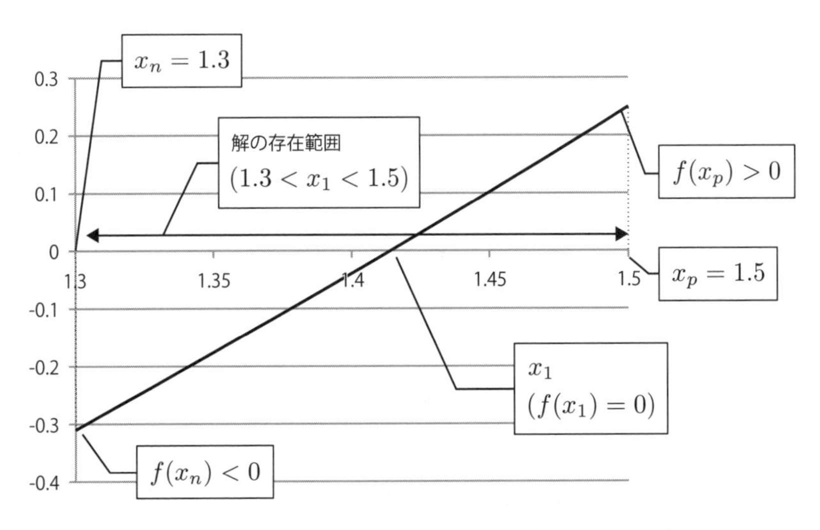

■図 1.2　$x_n = 1.3$、$x_p = 1.5$と設定する

2分法では、次に上限x_pと下限x_nの中間点を求めます。この計算は次のように簡単に求まります。

$$(x_p + x_n)/2$$

こうして求めた中間点に対応する関数$f(x)$の値を求めます。すると、その値が正か負かが計算により求まります。

$$f((x_p + x_n)/2$$

ここで、中間点に対応する関数値$f((x_p + x_n)/2)$が正だったら、求めた中間点の値を新たに上限x_pの値とします。逆に負であれば、求めた中間点の値を新たな下限x_nの値とします。今の例では、

$$f(1.5 + 1.3)/2) = f(1.4) = -0.04 < 0$$

となるので、下限x_nの値が中間点の値1.4に更新されます。これで、解の範囲が初期状態よりも狭まって、1.4以上1.5以下であることがわかりました（**図1.3**）。

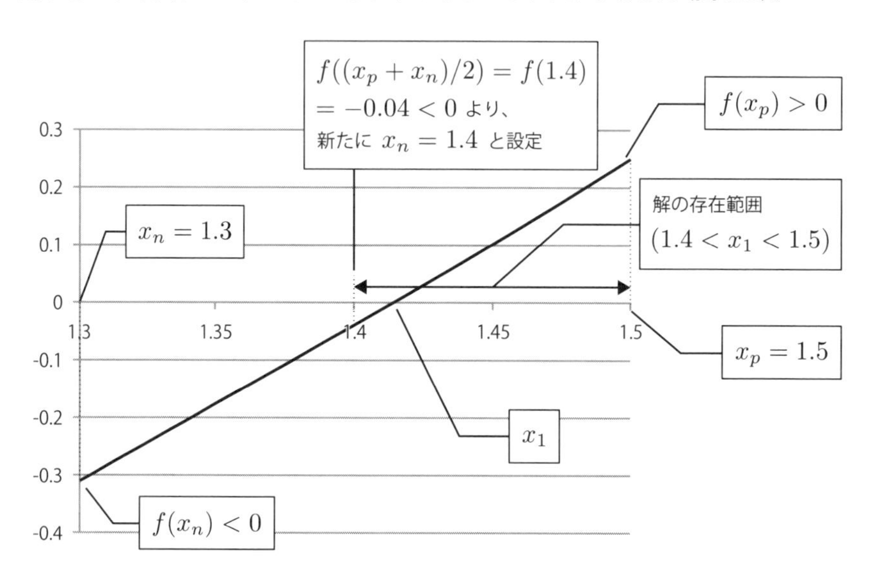

■図1.3　中間値によって解の存在範囲を狭める

この操作を繰り返すと、**表1.1**に示すように、だんだんと解の存在範囲が狭まっていきます。

■表1.1 2分法による解の計算過程

下限x_n	上限x_p
1.300000000000000	1.500000000000000
1.400000000000000	1.500000000000000
1.400000000000000	1.450000000000000
1.400000000000000	1.425000000000000
1.412500000000000	1.425000000000000
1.412500000000000	1.418750000000000
1.412500000000000	1.415625000000000
1.414062500000000	1.415625000000000
1.414062500000000	1.414843750000000
1.414062500000000	1.414453125000000
1.414062500000000	1.414257812500000
1.414160156250000	1.414257812500000
・・・	

実際の計算においては、適当な条件で繰り返しを打ち切ることで、解の値が求まったものとします。

それでは、2分法の手続きをPythonのプログラムとして表現してみましょう。Pythonの処理系は、バージョン2のPython 2と、バージョン3のPython 3とで文法などが若干異なります。本書では、最新のPython 3を利用することにします。

2分法のアルゴリズムをPythonのコードに翻訳すると、処理の中心部分は以下のように表せます。

```
# 繰り返し処理
while (xp - xn) * (xp - xn) > LIMIT:  # 終了条件を満たすまで繰り返す
    xmid = (xp + xn) / 2              # 新たな中間値の計算
    if f(xmid) > 0:                   # 中間値が正なら
        xp = xmid                     # xpを更新
    else:                             # 中間値が正でなければ
        xn = xmid                     # xnを更新
```

ここで、変数xpはx_pに対応し、変数xnはx_nに対応します。またxmidは新たな中間値であり、関数f()は$f(x) = x^2 - 2$の値を返すものとします。定数LIMITは繰り返し終了を判断するための値を与えます。

上記のPythonコードを中心に、関数f()の定義や変数の初期設定などを加えると、2分法のプログラムbisec.pyができあがります。**リスト1.1**にbisec.pyを示します。

■リスト1.1　bisec.py プログラム

```
 1:# -*- coding: utf-8 -*-
 2:"""
 3:bisec.pyプログラム
 4:2分法による方程式の解法プログラム
 5:使い方  c:\>python bisec.py
 6:"""
 7:# グローバル変数
 8:a = 2            # f(x)=x*x-a
 9:LIMIT = 1e-20   # 終了条件
10:
11:# 下請け関数の定義
12:# f()関数
13:def f(x):
14:    """関数値の計算"""
15:    return x * x - a
16:# f()関数の終わり
17:
18:# メイン実行部
19:# 初期設定
20:xp = float(input("xpを入力してください:"))
21:xn = float(input("xnを入力してください:"))
22:
23:# 繰り返し処理
24:while (xp - xn) * (xp - xn) > LIMIT:  # 終了条件を満たすまで繰り返す
25:    xmid = (xp + xn) / 2               # 新たな中間値の計算
26:    if f(xmid) > 0:                    # 中間値が正なら
27:        xp = xmid                      # xpを更新
28:    else:                              # 中間値が正でなければ
29:        xn = xmid                      # xnを更新
30:    print("{:.15f} {:.15f}".format(xn, xp))
31:# bisec.pyの終わり
```

bisec.pyの実行結果を**実行例1.1**に示します。

■実行例1.1　bisec.pyの実行結果

```
C:\Users\odaka\Documents\ch1>python bisec.py
xpを入力してください:1.5
xnを入力してください:1.3
1.400000000000000 1.500000000000000
1.400000000000000 1.450000000000000
1.400000000000000 1.425000000000000
1.412500000000000 1.425000000000000
  (以下、出力が続く)
1.414213562197983 1.414213562384248
1.414213562291116 1.414213562384248

C:\Users\odaka\Documents\ch1>
```

1.1.2　Pythonモジュールの活用

前項では平方根を求めるために、わざわざ2分法のアルゴリズムを使って解を求めました。これは、2分法のアルゴリズムを学習するという意味では必要な作業ですが、プログラミングの手間を考えるとあまりうまい方法とは言えません。実際には、多くのプログラミング言語では、平方根を求めるためのライブラリが用意されています。この点は、Pythonでも同様です。

Pythonで正の平方根を求めるには、mathモジュールをインポートします。mathモジュールを用いると、xの正の平方根$\sqrt{x}$は次のように簡単に求まります。

```
math.sqrt(x)
```

math.sqrt()を用いて正の平方根を求めるプログラムsqrt.pyを**リスト1.2**に示します。また、実行例を**実行例1.2**に示します。

■リスト1.2　sqrt.pyプログラム

```
1:# -*- coding: utf-8 -*-
2:"""
3:sqrt.pyプログラム
4:mathモジュールを利用して平方根を求める
5:使い方  c:\>python sqrt.py
```

```
 6:"""
 7:# モジュールのインポート
 8:import math
 9:
10:# メイン実行部
11:# 入力
12:x = float(input("正の平方根を求めたい値を入力:"))
13:# 出力
14:print("sqrt(", x, ")=", math.sqrt(x))
15:# sqrt.pyの終わり
```

■実行例 1.2　sqrt.py プログラムの実行例

```
C:\Users\odaka\Documents\ch1>python sqrt.py
正の平方根を求めたい値を入力:2
sqrt( 2.0 )= 1.4142135623730951

C:\Users\odaka\Documents\ch1>python sqrt.py
正の平方根を求めたい値を入力:3
sqrt( 3.0 )= 1.7320508075688772

C:\Users\odaka\Documents\ch1>
```

Pythonでは、単に平方根を求めるだけではなく、方程式の解を求めることのできるモジュールも用意されています。**リスト1.3**に示すsolve.pyプログラムでは、方程式を記述するだけで、その解を求めています。solve.pyでは、sympyというモジュールを利用しています。sympyモジュールを含めた、Pythonモジュールのインストール方法については、本節の最後に説明します。

■リスト 1.3　solve.py プログラム

```
1:# -*- coding: utf-8 -*-
2:"""
3:solve.pyプログラム
4:sympyモジュールを利用して方程式を解く
5:少し複雑な方程式の例
6:使い方　c:\>python solve.py
7:"""
8:# モジュールのインポート
9:from sympy import *
```

```
10:
11:# メイン実行部
12:var("x")                                           # 変数xを利用
13:equation = Eq(x**3 + 2 * x**2 - 5 * x - 6, 0)   # 方程式を設定
14:answer = solve(equation)                          # 方程式を解く
15:print(answer)                                     # 結果出力
16:# solve.pyの終わり
```

solve.py プログラムで方程式を設定して解いているのは以下の部分です。

```
12:var("x")                                           # 変数xを利用
13:equation = Eq(x**3 + 2 * x**2 - 5 * x - 6, 0)   # 方程式を設定
14:answer = solve(equation)                          # 方程式を解く
15:print(answer)                                     # 結果出力
```

上記で、最初に12行目においてxを方程式の変数として設定し、13行目で次の方程式を設定しています。

$$x^3 + 2x^2 - 5x - 6 = 0$$

この方程式を解くには、次に示す14行目のように、solve()を用いて指示を与えるだけです。

```
14:answer = solve(equation)                          # 方程式を解く
```

その結果は、15行目で出力しています。

```
15:print(answer)                                     # 結果出力
```

実行例1.3に、solve.pyプログラムの実行結果を示します。ここに示すように、この3次方程式の解は、

$$x = -3, -1, 2$$

です。

■実行例 1.3 solve.py プログラムの実行結果

```
C:\Users\odaka\Documents\ch1>python solve.py
[-3, -1, 2]

C:\Users\odaka\Documents\ch1>
```

3次方程式 $x^3 + 2x^2 - 5x - 6 = 0$ の解が出力される

Pythonでは、ここで紹介したモジュールをはじめとして、便利で高機能なさまざまなモジュールが利用可能です。以降では、グラフ描画や行列計算、微分積分などのモジュールを適宜紹介します。

なお、これらのモジュールを利用するためには、Pythonの基本的な言語システムに対して適宜モジュールの追加インストールが必要となります。たとえば、リスト1.3のsolve.pyプログラムではsympyというモジュールを利用していますが、このためにはsympyモジュールのインストールが必要です。

この際、個別にモジュールをインストールすることも可能ですが、Anacondaというシステムを用いると、Pythonの基本システムに加えてさまざまなモジュールをまとめてインストールすることができます。Anacondaは次のURLから利用できます。

https://www.anaconda.com/download/

上記URLでは、本書で対象とするPython 3の他、Python 2のインストールも選択可能です。また対象OSとして、WindowsやLinux、それにmacOSを選ぶことができます。お使いの環境に合わせて選択してください。

1.2 数値計算と誤差

1.2.1 数値計算における誤差

コンピュータを用いた数値計算では、基本的に、有限桁数の2進浮動小数点数による計算を行います。このような計算においては、数の表現や計算に伴う誤差がつきまといます。**表1.2**に、数値計算における誤差の例を示します。これらの誤差は、有限桁数の2進浮動小数点数を用いた数値計算一般に関係するものであり、

Pythonに固有の問題ではありません。

後述のように、Pythonではこれらの問題に個別的に対応するためのモジュールが用意されています。しかし、適切に誤差を管理するためには、有限桁数の2進浮動小数点数による計算において根本的にどのような問題があるのかを理解しておく必要があります。そこで本節では、これらの問題について検討することにします。

■表 1.2　数値計算における誤差

項目	説明
桁落ち	値のほぼ等しい数値同士を減算するなどして、有効数字が失われることによって生じる誤差
丸め誤差	有限桁数の２進数で実数を表現することにより生じる誤差
情報落ち	絶対値の大きく異なる数値同士の演算において、絶対値の小さな数値が演算結果に反映されないために生じる誤差

1.2.2　数値計算における誤差の実際

具体的な例題を用いて、表1.2に示した誤差の実際について説明します。

① 桁落ち

値のほぼ等しい数値同士の減算では、有効数字が失われる可能性があります。この現象を**桁落ち**と呼びます。たとえば、次のような計算を行う場合、xの値が大きいと桁落ちを生じる場合があります。

$$\sqrt{x+1}-\sqrt{x}$$

上式を標準的なハードウェアによるコンピュータを用いて計算する場合、xが10^{15}程度になると$\sqrt{x+1}$と$\sqrt{x}$の値が有効数字の範囲内でほぼ等しくなり、減算の結果、有効数字が大きく損なわれます。さらにxが10^{16}程度では、減算の結果は0になってしまいます。

こうした結果を避けるためには、値のほぼ等しい数値同士の減算を避けなければなりません。たとえば上式の場合には次のように**分子の有理化**を行います。こうすれば、値のほぼ等しい数値同士の減算を避けることができます。

$$\sqrt{x+1}-\sqrt{x}=(\sqrt{x+1}-\sqrt{x})\frac{\sqrt{x+1}+\sqrt{x}}{\sqrt{x+1}+\sqrt{x}}=\frac{1}{\sqrt{x+1}+\sqrt{x}}$$

これらの計算をPythonのプログラムとしてコーディングした例を**リスト1.4**に示します。また実行結果を**実行例1.4**に示します。

■リスト1.4　桁落ちの例：error1.py プログラム

```
 1:# -*- coding: utf-8 -*-
 2:"""
 3:error1.pyプログラム
 4:計算誤差の例題プログラム
 5:桁落ち誤差の例題
 6:使い方  c:\>python error1.py
 7:"""
 8:# モジュールのインポート
 9:import math
10:
11:# メイン実行部
12:# x=1e15の場合
13:print("x=1e15の場合")
14:x = 1e15
15:res1 = math.sqrt(x + 1) - math.sqrt(x)          # 通常の計算方法
16:res2 = 1 / (math.sqrt(x + 1) + math.sqrt(x))  # 分子を有理化した計算方法
17:# 結果出力
18:print("通常の計算方法              :", res1)
19:print("分子を有理化した計算方法:", res2)
20:print()
21:
22:# x=1e16の場合
23:print("x=1e16の場合")
24:x = 1e16
25:res1 = math.sqrt(x + 1) - math.sqrt(x)          # 通常の計算方法
26:res2 = 1 / (math.sqrt(x + 1) + math.sqrt(x))  # 分子を有理化した計算方法
27:# 結果出力
28:print("通常の計算方法              :", res1)
29:print("分子を有理化した計算方法:", res2)
30:# error1.pyの終わり
```

■実行例 1.4　error1.py プログラムの実行結果

```
C:\Users\odaka\Documents\ch1>python error1.py
x=1e15の場合
通常の計算方法              : 1.862645149230957e-08
分子を有理化した計算方法: 1.5811388300841893e-08

x=1e16の場合
通常の計算方法              : 0.0
分子を有理化した計算方法: 5e-09

C:\Users\odaka\Documents\ch1>
```


error1.pyプログラムでは、通常の計算方法により求めた計算結果と、分子を有理化する方法で計算した結果の両方を求めます。リスト1.4および実行例1.4において、「1e15」は10^{15}を意味し、「1e16」は10^{16}を意味します。実行例1.4の結果に示すように、分子を有理化せずに計算する通常の計算方法では、誤差が非常に大きくなります。

このように、計算の途中で桁落ちが生じる可能性があると、与えたデータによっては最終的な計算結果に大きな影響を与える場合があります。桁落ちによる誤差は発見が難しい場合もありますから、値のほぼ等しい数値同士の減算は避けるべきです。

②丸め誤差

丸め誤差（rounding error）は、実数を有限の桁数の2進数で表現するために生じる誤差です。我々が一般に用いる10進数の無理数や循環小数などをコンピュータで扱う場合には、丸め誤差が生じます。また、10進数で有限小数であっても、2進数では循環小数となるような数値を扱う場合には、丸め誤差が生じることがあります。

たとえば、10進数の0.1は2進数では次のような循環小数となります。したがって、10進数の0.1を有限桁数の2進数で表現する場合には、10進数と2進数の変換において必ず丸め誤差を伴うことになります。

$$(0.1)_{10} = (0.0001100110011\cdots)_2$$

リスト1.5に示すerror2.pyプログラムでは、0.1を100万回加え合わせています。**実行例1.5**の実行結果では、加算結果は100000よりも少し大きな値となっています。10進数の0.1は、2進数に変換する過程で丸めにより、0.1よりわずかに大きな値となるため、このような結果が生じます。

■リスト1.5　丸め誤差に関する例題：error2.py プログラム

```
 1:# -*- coding: utf-8 -*-
 2:"""
 3:error2.pyプログラム
 4:計算誤差の例題プログラム
 5:丸め誤差の例題
 6:使い方　c:\>python error2.py
 7:"""
 8:# メイン実行部
 9:# 10進の0.1の値
10:print(0.1)
11:
12:# 0.1を1000000回加える
13:x = 0.0
14:for i in range (1000000):
15:    x = x + 0.1  # 0.1は2進数では循環小数
16:
17:# 結果出力
18:print(x)
19:# error2.pyの終わり
```

■実行例1.5　error2.py プログラムの実行結果

```
C:\Users\odaka\Documents\ch1>python error2.py
0.1
100000.00000133288

C:\Users\odaka\Documents\ch1>
```

0.1を100万回加えた結果が10万にならない（丸め誤差の影響）

丸め誤差は、有限桁数の2進数を数値表現として用いるコンピュータで実数を表現する限りは、不可避の誤差です。したがって、上記のように計算過程において丸め誤差が大きく影響を及ぼすようなアルゴリズムは、採用すべきではありません。

③情報落ち

情報落ちは、絶対値の大きく異なる数値同士の演算において、絶対値の小さな数値が演算結果に反映されない現象です。情報落ちが生じる場合の例として、10^{10}に10^{-8}を繰り返し加える計算を考えます。たとえば10,000,000回加算すると、結果は次のようにならなければなりません。

$$10^{10} + \underbrace{10^{-8} + \cdots + 10^{-8}}_{10,000,000\text{回加算}} = 10^{10} + 0.1$$

しかしこの計算をPythonのプログラムとして実装する場合には、コーディングの方法によっては情報落ちにより正しい結果を得られないことがあります。**リスト1.6**に、情報落ちを生じるプログラムの例を示します。**実行例1.6**に実行結果を示します。

■リスト1.6　情報落ちにより誤差を生じる例：error3.py プログラム

```
 1:# -*- coding: utf-8 -*-
 2:"""
 3:error3.pyプログラム
 4:計算誤差の例題プログラム
 5:情報落ち誤差の例題
 6:使い方　c:\>python error3.py
 7:"""
 8:# メイン実行部
 9:# 初期設定
10:x = 1e10
11:y = 1e-8
12:temp = 0.0
13:
14:# y (1e-8) をx (1e10) に10000000回加える
15:for i in range(10000000):
16:    x = x + y
17:# 結果出力
18:print(x)
19:
20:# 先にy (1e-8) を10000000回加える
21:for i in range(10000000):
```

```
22:     temp += y
23:# 加えた結果をx（1e10）に加える
24:x = 1e10
25:x += temp
26:# 結果出力
27:print(x)
28:# error3.pyの終わり
```

■実行例1.6　error3.py プログラムの実行結果

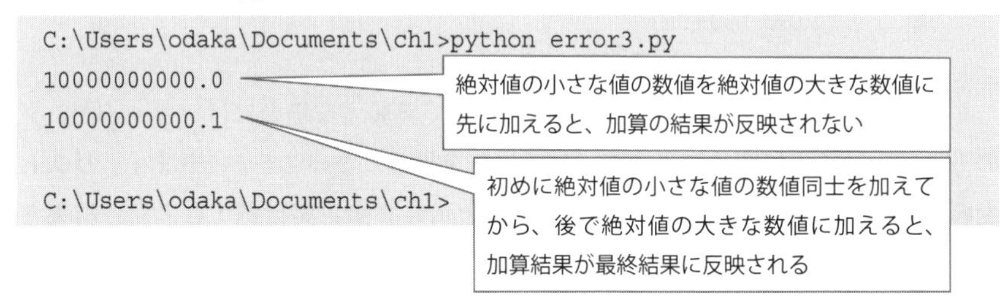

error3.py プログラムで示したように、計算順序を変更すると情報落ちを防ぐことができる場合があります。情報落ちを防ぐためには、たとえば数列の和を計算する場合には絶対値の小さな数値から順に加える、などの工夫をする必要があります。

1.2.3 Pythonモジュールの活用

Pythonには、数値計算で問題となる誤差を適切に扱うためのモジュールが用意されています。その1つに、decimalモジュールがあります。

decimalモジュールは、2進浮動小数点の誤差を正確に管理するための、10進演算モジュールです。decimalモジュールを利用した計算では、前項で説明した2進表現による誤差を適切に管理できます。

decimalモジュールによる計算では、数値は次のように記述します。

```
from decimal import *  # decimalモジュールのインポート
Decimal("0.1")         # decimalモジュールによる10進数"0.1"の記述
```

ここで、Decimal("0.1")は10進数の0.1であり、先に示した例題のerror2.pyプログラムで扱った2進浮動小数点数表現の0.1とは別の数値です。したがって、10

進数の0.1であるDecimal("0.1")を100万回加えると、その結果は正確に100000.0となります。これは、実行例1.5に示した2進浮動小数点数の計算結果である100000.00000133288と違って、10進数の計算結果と正しく合致しています。

実際に、丸め誤差を引き起こすerror2.pyプログラムを、decimalモジュールを使って書き直してみましょう。**リスト1.7**に、decimalモジュールを利用したdecimalex.pyプログラムを示します。

■リスト1.7　decimalモジュールを利用したdecimalex.pyプログラム

```
 1:# -*- coding: utf-8 -*-
 2:"""
 3:decimalex.pyプログラム
 4:decimalモジュールの例題プログラム
 5:使い方　c:\>python decimalex.py
 6:"""
 7:# モジュールのインポート
 8:from decimal import *
 9:
10:# メイン実行部
11:# 10進の0.1の値
12:print(Decimal("0.1"))
13:
14:# Decimal("0.1")を100万回加える
15:x = Decimal("0.0")
16:for i in range(1000000):
17:    x = x + Decimal("0.1")  # Decimal("0.1")は0.1とは異なる
18:
19:# 結果出力
20:print(x)
21:# decimalex.pyの終わり
```

実行例1.7に、decimalex.pyプログラムの実行結果を示します。

■実行例1.7　decimalex.pyプログラムの実行結果

```
C:\Users\odaka\Documents\ch1>python decimalex.py
0.1
100000.0

C:\Users\odaka\Documents\ch1>
```

0.1を100万回加えた結果は100000.0
（丸め誤差の影響を受けない）

別の考え方で浮動小数点数の丸め誤差を低減させるには、たとえば約分や通分といった分数計算をそのまま実行するfractionsというモジュールを利用することもできます。fractionsモジュールを利用すると、分数計算において、小数表現による丸め誤差を生じさせずに、分数としての計算を進められます。

リスト1.8に、fractionsモジュールを利用した例題プログラムであるfracex.pyを示します。fractionsモジュールを用いると、分数は次のように表現できます。

$\frac{1}{3}$ → Fraction(1, 3)
$\frac{5}{4}$ → Fraction(5, 4)

■リスト1.8 fracex.py プログラム

```
 1:# -*- coding: utf-8 -*-
 2:"""
 3:fracex.pyプログラム
 4:fractionsモジュールの例題プログラム
 5:使い方 c:\>python fracex.py
 6:"""
 7:# モジュールのインポート
 8:from fractions import Fraction
 9:
10:# メイン実行部
11:# 分数計算
12:print(Fraction(5, 10), Fraction(3, 15))                    # 5/10と3/15の約分
13:print(Fraction(1, 3) + Fraction(1, 7))                     # 1/3+1/7
14:print(Fraction(5, 3) * Fraction(6, 7) * Fraction(3, 2))    # 5/3*6/7*3/2
15:# fracex.pyの終わり
```

fracec.pyプログラムでは、約分や通分、分数の乗算などの分数計算を実行しています。**実行例1.8**に、実行結果を示します。

■実行例1.8 fracex.py プログラムの実行結果

```
C:\Users\odaka\Documents\ch1>python fracex.py
1/2 1/5
10/21
15/7
```

```
C:\Users\odaka\Documents\ch1>
```

実行例1.8には、fractionsモジュールの機能を用いた分数計算の例が示されています。出力の1行目は、$\frac{5}{10}$および$\frac{3}{15}$の約分結果です。2行目は$\frac{1}{3}+\frac{1}{7}$の計算結果であり、3行目は$\frac{5}{3}\times\frac{6}{7}\times\frac{3}{2}$の計算結果です。いずれも分数としての計算がなされており、有限桁数の2進浮動小数点数を用いた計算と違って数学的に正しい値が求まっています。

章末問題

(1) Pythonのモジュールを利用すると、数値計算やシミュレーションのアルゴリズムを知らなくても、プログラムを構成することが可能です。それにもかかわらず、なぜそうしたアルゴリズムを学ぶ必要があるのでしょうか。

(2) 2次方程式$ax^2+bx+c=0$の解の公式

$$x=\frac{-b\pm\sqrt{b^2-4ac}}{2a}$$

をそのまま用いると、桁落ちを生じる危険性があります。そこで、桁落ちに配慮した2次方程式解法プログラムを作成してください。

第2章

常微分方程式に基づく物理シミュレーション

本章では、常微分方程式に基づいて記述された質点の運動シミュレーションを扱います。最初に簡単な1次元運動シミュレーションとして物体の落下現象を扱い、次に、ポテンシャルを持った2次元平面内を運動する質点のシミュレーションを行います。

2.1 質点の１次元運動シミュレーション

初めに1次元の運動シミュレーションとして、地面に向かって降下していくロケットの運動をシミュレートしてみましょう。

質点の運動は、次の**運動方程式（equation of motion）**に支配されます。

$$F = m\alpha = m\frac{dv}{dt} = m\frac{d^2x}{dt^2} \tag{1}$$

ただし、

F ：力
m ：質量
α ：加速度
v ：速度
x ：位置
t ：時刻

以下では、式(1)をもとに、最も単純な落下運動である自由落下と、逆噴射をしながら飛行するロケットの降下について、それぞれシミュレーションを行います。

2.1.1 自由落下のシミュレーション

重力以外の力が働かない**自由落下（free fall）**の状態では、地球上では加速度αは定数$g = 9.80665\,(\mathrm{m/s^2})$となります。この定数$g$を**重力加速度（gravitational acceleration）**と呼びます。自由落下の場合には上記の方程式は解析的に簡単に解けてしまいます。速度をv_f、位置をx_fとし、速度および位置の初期値をそれぞれv_{f0}、x_{f0}とすれば、それぞれの関係は次の式(2)のようになります。自由落下の運動は、式(2)を計算すれば簡単に求まります。

$$\begin{aligned} v_f &= v_{f0} + gt \\ x_f &= x_{f0}t + \frac{1}{2}gt^2 \end{aligned} \tag{2}$$

このように運動方程式が解析的に解ける場合には、解いた結果の式から値を求めればよいのですが、一般には運動方程式が解析的に解けるとは限りません。しかし、数値計算によって運動方程式を計算することができれば、解析的に運動方程式が解けない場合でも、運動の様子を数値的に調べることができます。そこでここでは、上式(2)を直接計算するのではなく、初めの運動方程式(1)を数値的に計算することを考えます。

一般に、**常微分方程式（ordinary differential equation）**をある初期値のもとで数値的に解くとは、初期値から始めて、ある刻み幅で次の値を順々に求めていく作業のことを言います。たとえば次の常微分方程式(3)を初期条件$v_f(t_0) = v_{f0}$で数値的に解くとは、ある刻み幅hで並んだ時刻$t1, t2, t3, \cdots$に対して、$v_f(t_1), v_f(t_2), v_f(t_3), \cdots$を順に求めることを言います。

$$\frac{dv_f}{dt} = g \tag{3}$$

一般の一階常微分方程式を数値的に解く方法として、**オイラー法（Euler method）**や**ルンゲ=クッタ法（Runge-Kutta method）**などがあります。オイラー法では、一般の一階常微分方程式(4)について、$x_1 = x_0 + h$に対応するy_1の値を、$y_1 = y_0 + f(x_0, y_0) \times h$と近似します。

$$\frac{dy}{dx} = f(x, y) \qquad \text{ただし} \quad y(x_0) = y_0 \tag{4}$$

これは、yを表す曲線を、刻み幅hに対応する短い直線で近似したことを意味します。この近似を順次繰り返せば、初期値から順にyの値を求めることが可能です。

オイラー法は直線による粗い近似なので、実用的にはあまり用いられず、実際にはルンゲクッタ法や、さらに高精度な数値的解法が用いられます。しかしここではわかりやすさを優先し、オイラー法により運動方程式を数値計算してみましょう。なお、付録A.1にルンゲクッタ法の公式を示します。

オイラー法で自由落下の運動方程式を計算するには、二階の常微分方程式である(1)を、v_fとx_fに関する連立一階常微分方程式とみなし、時刻tを刻み幅hで変化させながらv_fとx_fを順に求めます。

$$\frac{dv_f}{dt} = g$$
$$\frac{dx_f}{dt} = v_f \qquad (5)$$

具体的な手続きとしては、以下のような処理手順に従い、計算を進めます。

(1) 以下の各変数について、適当な初期値を決定します。

刻み幅h
速度の初期値v_{f0}
位置の初期値x_{f0}

(2) オイラー法により、次のステップの速度v_{f1}を求めます。

$$v_{f1} = v_{f0} + g \cdot h$$

(3) オイラー法により、次のステップの位置x_{f1}を求めます。

$$x_{f1} = x_{f0} + v_{f1} \cdot h$$

(4) 上記(2)(3)で求めたv_{f1}、x_{f1}を用いて、同様の手順でv_{f2}、x_{f2}を求めます。

$$v_{f2} = v_{f1} + g \cdot h$$
$$x_{f2} = x_{f1} + v_{f2} \cdot h$$

(5) 以下同様に、v_{fi}、x_{fi}からv_{fi+1}、x_{fi+1}を順に求めます。

$$v_{fi+1} = v_{fi} + g \cdot h$$
$$x_{fi+1} = x_{fi} + v_{fi+1} \cdot h$$

以上の方法で自由落下のシミュレーションを行うプログラムfreefall.pyを**リスト2.1**に示します。

■リスト 2.1　自由落下のシミュレーションを行う：freefall.py プログラム

```
 1:# -*- coding: utf-8 -*-
 2:"""
 3:freefall.pyプログラム
 4:自由落下のシミュレーション
 5:自由落下の運動法方程式を数値的に解く
 6:使い方  c:\>python freefall.py
 7:"""
 8:# 定数
 9:G = 9.80665   # 重力加速度
10:
11:# メイン実行部
12:t = 0.0    # 時刻t
13:h = 0.01  # 時刻の刻み幅
14:
15:# 係数の入力
16:v = float(input("初速度v0を入力してください:"))
17:x = float(input("初期高度x0を入力してください:"))
18:print("{:.7f} {:.7f} {:.7f}".format(t, x, v))   # 現在時刻と現在の位置
19:
20:# 自由落下の計算
21:while x >= 0:    # 地面に達するまで計算
22:    t += h        # 時刻の更新
23:    v += G * h  # 速度の計算
24:    x -= v * h  # 位置の更新
25:    print("{:.7f} {:.7f} {:.7f}".format(t, x, v))   # 現在時刻と現在の位置
26:# freefall.pyの終わり
```

freefall.pyプログラムの実行例を**実行例2.1**に示します。この例では、高度100mから初速度0m/sで落下した場合の、各時刻における高度を計算しています。

■実行例 2.1　freefall.py プログラムの実行例

```
C:\Users\odaka\Documents\ch2>python freefall.py
初速度v0を入力してください:0
初期高度x0を入力してください:100      ← 初速度と初期高度を入力
0.0000000 100.0000000 0.0000000
0.0100000 99.9990193 0.0980665      ← 時刻、高度、および速度を出力
0.0200000 99.9970580 0.1961330
```

```
0.0300000 99.9941160 0.2941995
  (以下、出力が続く)
4.4400000 3.1201046 43.5415260
4.4500000 2.6837087 43.6395925
4.4600000 2.2463321 43.7376590
4.4700000 1.8079749 43.8357255
4.4800000 1.3686370 43.9337920
4.4900000 0.9283184 44.0318585
4.5000000 0.4870191 44.1299250
4.5100000 0.0447392 44.2279915
4.5200000 -0.3985214 44.3260580
                                      高度が0m未満になったら計算終了
C:\Users\odaka\Documents\ch2>
```

このように、freefall.pyプログラムは、ある初期高度からの落下の様子を計算し、落下の各時刻における高度を数値で出力します。初速度を与えることができますが、初速度は上に向かう方向を正としています。高度が0mより低くなり地面に到達したら、計算を終了します。

freefall.pyプログラムでは、計算結果は数値として出力されます。数値を見ているだけでは結果がどうなっているのかはよくわかりません。そこで、結果を可視化することを考えます。ここでは、freefall.pyプログラムの出力した数値を、グラフで表現してみましょう。

グラフを描くツールとして、ここではPythonのモジュールであるmatplotlibを用います。matplotlibを用いると、Pythonのプログラムで簡単にグラフを描画できます。freefall.pyにグラフ描画機能を付け加えたgfreefall.pyプログラムを**リスト2.2**に示します。このプログラムでは、時刻tと高度xのデータをtlist[]およびxlist[]に順次記録していき、最後に38行目および39行目において、それらの値をグラフとして出力しています。

■リスト2.2　gfreefall.py プログラム

```
1:# -*- coding: utf-8 -*-
2:"""
3:gfreefall.pyプログラム
4:自由落下のシミュレーション
5:自由落下の運動法方程式を数値的に解く
6:matplotlibによるグラフ描画機能付き
```

```
 7:使い方　c:\>python gfreefall.py
 8:"""
 9:# モジュールのインポート
10:import numpy as np
11:import matplotlib.pyplot as plt
12:
13:# 定数
14:G = 9.80665  # 重力加速度
15:
16:# メイン実行部
17:t = 0.0   # 時刻t
18:h = 0.01  # 時刻の刻み幅
19:
20:# 係数の入力
21:v = float(input("初速度v0を入力してください:"))
22:x = float(input("初期高度x0を入力してください:"))
23:print("{:.7f} {:.7f} {:.7f}".format(t, x, v))  # 現在時刻と現在の位置
24:# グラフデータに現在位置を追加
25:tlist = [t]
26:xlist = [x]
27:
28:# 自由落下の計算
29:while x >= 0:   # 地面に達するまで計算
30:    t += h      # 時刻の更新
31:    v += G * h  # 速度の計算
32:    x -= v * h  # 位置の更新
33:    print("{:.7f} {:.7f} {:.7f}".format(t, x, v))  # 現在時刻と現在の位置
34:    # グラフデータに現在位置を追加
35:    tlist.append(t)
36:    xlist.append(x)
37:# グラフの表示
38:plt.plot(tlist, xlist)  # グラフをプロット
39:plt.show()
40:# gfreefall.pyの終わり
```

gfreefall.py プログラムによる、時刻と高度の関係のグラフを**図2.1**に示します。時刻と高度の関係が放物線で描かれており、両者が2次の関係であることが見てとれます。

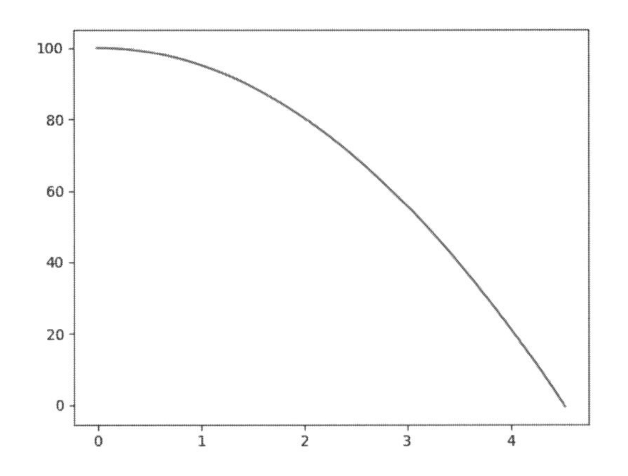

■図 2.1　gfreefall.py プログラムによる時刻と高度の関係の描画結果

freefall.py プログラムでは、初速度を与えることができます。初速度 v0 を－100 (m/s)、初期高度 x0 を 100 (m) としたときの結果のグラフを**図2.2**に示します。

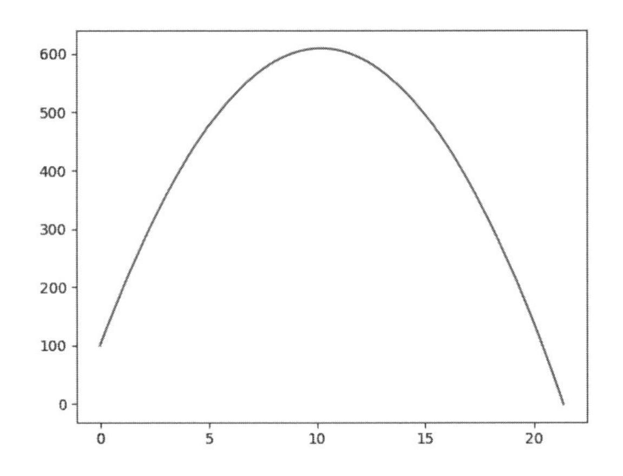

■図 2.2　初速度 v0 を－100 (m/s)、初期高度 x0 を 100 (m) としたときのシミュレーション結果

2.1.2　着陸船のシミュレーション

自由落下のシミュレーション手法を応用すると、逆噴射を行って軟着陸する着陸船ロケットのシミュレーションができます。

逆噴射を行ってロケットに上向きの加速度を与えると、重力加速度 g を相殺する働きがあります。本来、逆噴射を行えば燃料を消費しますからロケットの質量が変化しますし、搭載する燃料の量の制限で逆噴射できる時間は限られていますが、ここではこうした制約を一切無視することにします。すると、一定の加速度aを与える逆噴射を行う場合のロケットの運動方程式は、自由落下の場合と同じ形式となります。

$$
\begin{aligned}
\frac{dv_f}{dt} &= g - a \\
\frac{dx_f}{dt} &= v_f
\end{aligned}
\tag{6}
$$

シミュレーションにあたっては、逆噴射の強さは一定とし、逆噴射を開始する時刻をあらかじめ指定することにします。これにより、たとえば高度100mから初速度0（m/s）で落下し始め、落下開始2秒後から逆噴射を行う、といったシミュレーションが行えます。

以上の前提でfreefall.pyプログラムを改造したlander.pyプログラムを**リスト2.3**に示します。また実行例を**実行例2.2**に示します。

■リスト2.3　着陸船シミュレーション：lander.py プログラム

```
 1:# -*- coding: utf-8 -*-
 2:"""
 3:lander.pyプログラム
 4:落下運動のシミュレーション
 5:逆噴射をする着陸船のシミュレーション
 6:使い方  c:\>python lander.py
 7:"""
 8:# 定数
 9:F = 1.5       # 逆噴射の加速度を決定する係数
10:G = 9.80665  # 重力加速度
11:
12:# 下請け関数の定義
13:# retrofire()関数
14:def retrofire(t, tf):
15:    """逆噴射の制御を担当する関数"""
16:    if t >= tf:
17:        return -F * G  # 逆噴射
```

```
18:    else:
19:        return 0.0;    # 逆噴射なし
20:# retrofire()関数の終わり
21:
22:# メイン実行部
23:t = 0.0   # 時刻t
24:h = 0.01  # 時刻の刻み幅
25:
26:# 係数の入力
27:v = float(input("初速度v0を入力してください:"))
28:x0 = float(input("初期高度x0を入力してください:"))
29:tf = float(input("逆噴射開始時刻tfを入力してください:"))
30:x = x0  # 初期高度の設定
31:print("{:.7f} {:.7f} {:.7f}".format(t, x, v))  # 現在時刻と現在の位置
32:
33:# 自由落下の計算
34:while (x > 0) and (x <= x0):  # 地面に達するか初期高度より高くなるまで計算
35:    t += h                                     # 時刻の更新
36:    v += (G + retrofire(t, tf)) * h  # 速度の計算
37:    x -= v * h                                 # 位置の更新
38:    print("{:.7f} {:.7f} {:.7f}".format(t, x, v))  # 現在時刻と現在の位置
39:# lander.pyの終わり
```

■実行例 2.2　lander.py プログラムの実行例

```
C:\Users\odaka\Documents\ch2>python lander.py
初速度v0を入力してください:0
初期高度x0を入力してください:100
逆噴射開始時刻tfを入力してください:2.62
0.0000000 100.0000000 0.0000000
0.0100000 99.9990193 0.0980665
0.0200000 99.9970580 0.1961330
0.0300000 99.9941160 0.2941995
0.0400000 99.9901933 0.3922660
0.0500000 99.9852900 0.4903325
  （以下、出力が続く）
7.1800000 0.1418250 3.3342610
7.1900000 0.1089728 3.2852277
7.2000000 0.0766108 3.2361945
7.2100000 0.0447392 3.1871612
```

初速度v_0、初期高度x_0、および逆噴射開始時刻t_fを入力

```
7.2200000 0.0133579 3.1381280
7.2300000 -0.0175330 3.0890947

C:\Users\odaka\Documents\ch2>
```

高度が0m未満になったら計算終了

実行例2.2では、高度100mから初速度0（m/s）で落下し始め、落下開始2.62秒後から逆噴射を行う条件でシミュレーションを行っています。その結果、高度0mにおける速度v_fが実行例2.1の場合と比較してごく小さくなっています。実行例2.1が墜落だとすると、実行例2.2は軟着陸したと言えるでしょう。

lander.pyプログラムでは、逆噴射による加速度を、重力加速度のF倍としています。係数Fの値は、プログラム9行目の代入文により与えます。リスト2.3ではFの値は1.5としています。

プログラムの27行目〜29行目において、初速度や初期高度、それに逆噴射開始時刻の入力を行います。その後、34行目からのwhile文により、各時刻の速度と高度を求めます。このwhile文は、高度が0未満となり地表に達するか、逆噴射が強すぎて初期高度よりも高度が高くなったら終了します。

速度と位置の計算は、先に示したfreefall.pyプログラムとほぼ同様です。逆噴射を行う前の自由落下と、逆噴射後の落下の計算は、36行目の速度の計算式により1つにまとめられています。

```
36:     v += (G + retrofire(t, tf)) * h  # 速度の計算
```

36行目の速度の計算において、retrofire()関数を呼び出しています。retrofire()関数の定義は、プログラムの14行目から始まります。retrofire()関数は、逆噴射開始時刻tf以前には0を返し、開始時刻以降には-F * Gを返します。retrofire()関数を速度の計算に用いることにより、逆噴射前後の計算を同じ式で行えます。

freefall.pyプログラムの場合と同様に、lander.pyプログラムにもグラフ描画機能を追加してみましょう。**リスト2.4**に、グラフ描画機能を追加したglander.pyプログラムを示します。

■リスト 2.4　glander.py プログラム

```
 1:# -*- coding: utf-8 -*-
 2:"""
 3:glander.pyプログラム
 4:落下運動のシミュレーション
 5:逆噴射をする着陸船のシミュレーション
 6:matplotlibによるグラフ描画機能付き
 7:使い方　c:\>python glander.py
 8:"""
 9:# モジュールのインポート
10:import numpy as np
11:import matplotlib.pyplot as plt
12:
13:# 定数
14:F = 1.5         # 逆噴射の加速度を決定する係数
15:G = 9.80665  # 重力加速度
16:
17:# 下請け関数の定義
18:# retrofire()関数
19:def retrofire(t, tf):
20:    """逆噴射の制御を担当する関数"""
21:    if t >= tf:
22:        return -F * G  # 逆噴射
23:    else:
24:        return 0.0;    # 逆噴射なし
25:# retrofire()関数の終わり
26:
27:# メイン実行部
28:t = 0.0   # 時刻t
29:h = 0.01  # 時刻の刻み幅
30:
31:# 係数の入力
32:v = float(input("初速度v0を入力してください:"))
33:x0 = float(input("初期高度x0を入力してください:"))
34:tf = float(input("逆噴射開始時刻tfを入力してください:"))
35:x = x0  # 初期高度の設定
36:print("{:.7f} {:.7f} {:.7f}".format(t, x, v))  # 現在時刻と現在の位置
37:# グラフデータに現在位置を追加
38:tlist = [t]
```

```
39:xlist = [x]
40:# 自由落下の計算
41:while (x > 0) and (x <= x0):  # 地面に達するか初期高度より高くなるまで計算
42:    t += h                           # 時刻の更新
43:    v += (G + retrofire(t, tf)) * h  # 速度の計算
44:    x -= v * h                       # 位置の更新
45:    print("{:.7f} {:.7f} {:.7f}".format(t, x, v))  # 現在時刻と現在の位置
46:    # グラフデータに現在位置を追加
47:    tlist.append(t)
48:    xlist.append(x)
49:# グラフの表示
50:plt.plot(tlist, xlist)  # グラフをプロット
51:plt.show()
52:# glander.pyの終わり
```

実行例2.2と同じ初期設定により、glander.pyプログラムを用いて時刻と高度のグラフを描画した結果を**図2.3**に示します。

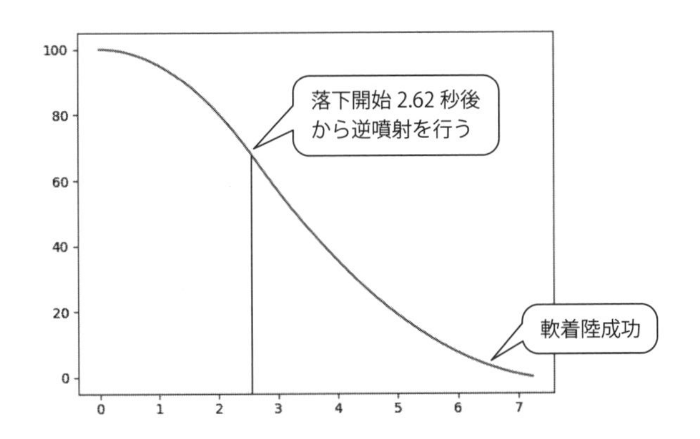

■図2.3　時刻と高度のグラフ（glander.pyプログラムの実行結果）

なお、glander.pyプログラムでは、与える初期値によっては着陸せずに空に飛んでいってしまう場合もあります。**図2.4**に、飛び上がってしまって着陸できない場合のシミュレーション例を示します。

```
C:\Users\odaka\Documents\ch2>python glander.py
初速度v0を入力してください:0
初期高度x0を入力してください:100
逆噴射開始時刻tfを入力してください:1
0.0000000 100.0000000 0.0000000
0.0100000 99.9990193 0.0980665
0.0200000 99.9970580 0.1961330
0.0300000 99.9941160 0.2941995
0.0400000 99.9901933 0.3922660
  （以下、出力が続く）
5.3300000 99.2953922 -11.5718470
5.3400000 99.4116010 -11.6208803
5.3500000 99.5283001 -11.6699135
5.3600000 99.6454896 -11.7189468
5.3700000 99.7631694 -11.7679800
5.3800000 99.8813395 -11.8170133
5.3900000 100.0000000 -11.8660465
C:\Users\odaka\Documents\ch2>
```

初速度 v_0、初期高度 x_0 および逆噴射開始時刻 t_f を入力

逆噴射のタイミングが早すぎて上昇し始め、初期高度まで戻ってしまった

(1) 実行例

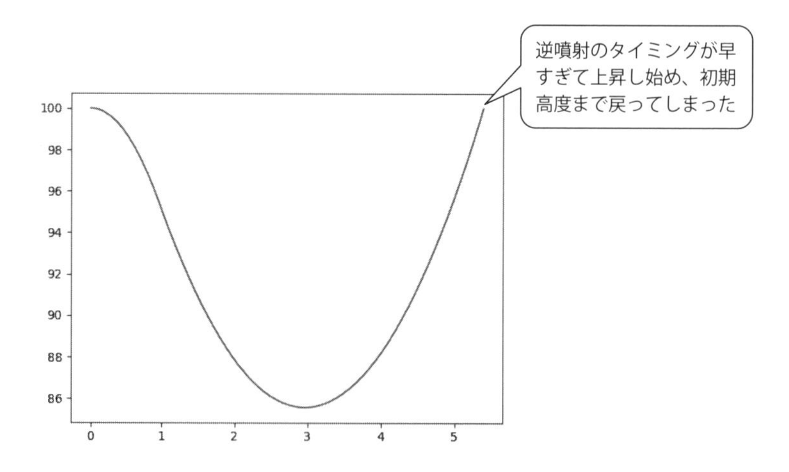

(2) 実行例のグラフ

■図 2.4　glander.py プログラムの実行例
（飛び上がってしまって着陸できない場合のシミュレーション例）

2.2 ポテンシャルに基づく2次元運動シミュレーション

2.2.1 ポテンシャルに基づく2次元運動

前節では、鉛直方向に質点が落下する1次元運動を扱いました。続いて、2次元平面内を移動する質点の運動をシミュレートしてみましょう。

2次元運動の場合でも、運動を記述する方程式はニュートンの運動方程式です。先の式(1)では明示しませんでしたが、方程式中のF, α, vおよびxはいずれもベクトル量です。下記に再掲する式(7)では、これを明示しています。

$$\boldsymbol{F} = m\boldsymbol{\alpha} = m\frac{d\boldsymbol{v}}{dt} = m\frac{d^2\boldsymbol{x}}{dt^2} \tag{7}$$

2次元運動をシミュレートするためには、式(7)を数値的に解けばよいのです。具体的には、式(7)をx軸およびy軸の各成分について数値計算します。

さて、ここではシミュレーション対象とする2次元平面を、**図2.5**のように設定することにします。図2.5で、平面内には、質点に対して力を及ぼすものとしてQ_1とQ_2が置いてあります。Q_1とQ_2は、質点に対して**引力**や**斥力**を与えるもので、**電荷（charge）**のようなものだと考えてください。図2.5でQ_1とQ_2は、この2次元平面の中で固定されており、質点は動き回れるとします。また質点は、単位となる電荷を持っており、Q_1やQ_2から力を受けるものとします。

この平面の中を質点が運動すると、質点はQ_1とQ_2から引力や斥力を受けます。その力は、本物の電荷による場合と同様、Q_1とQ_2からの距離rの2乗に反比例するとしましょう。Q_1とQ_2の質点に対する影響力の強さをq_1とq_2とすれば、質点に働く力の大きさ$|F_{Q_1}|, |F_{Q_2}|$は次のようになります。ただし、kは適当な係数です。また、質点の持っている電荷は－1であるとします。

$$\begin{aligned} |F_{Q_1}| &= \frac{kq_1}{r^2} \\ |F_{Q_2}| &= \frac{kq_2}{r^2} \end{aligned} \tag{8}$$

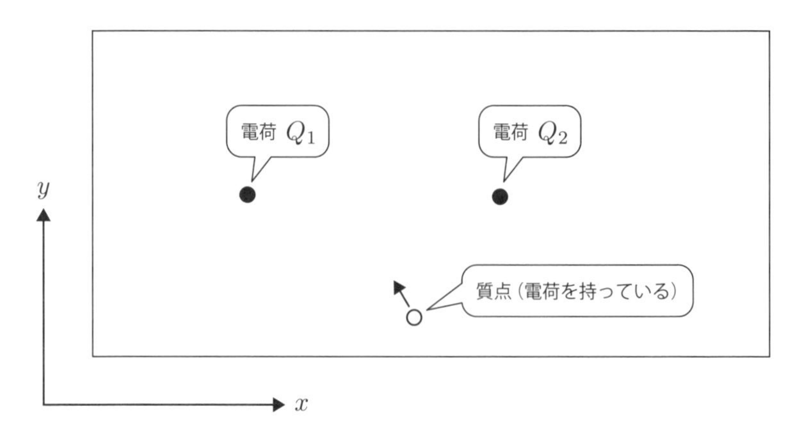

■図2.5　シミュレーション対象とする２次元平面

上記の設定は結局、平面内に固定された複数の電荷があるときに、ある単位となる電荷を持った質点が平面内で運動を行う際のシミュレーションを行うのと同等になります。言い換えれば、電荷によって与えられたポテンシャルの中を運動する荷電粒子のシミュレーションです。

2.2.2　２次元運動シミュレーション

さて、式(7)を図2.5の設定で数値的に解くことを考えます。まず、1つの電荷Qから、単位となる電荷を持った質点に働く力$\boldsymbol{Fq}$を、x軸方向の力Fq_xとy軸方向の力Fq_yに分けて、次のように考えます（**図2.6**）。

$$
\begin{aligned}
Fq_x &= \frac{(x_x - q_x)}{r} \times |\boldsymbol{Fq}| \\
&= \frac{x_x - q_x}{r} \times \frac{kq}{r^2}
\end{aligned}
\tag{9}
$$

$$
\begin{aligned}
Fq_y &= \frac{(x_y - q_y)}{r} \times |\boldsymbol{Fq}| \\
&= \frac{x_y - q_y}{r} \times \frac{kq}{r^2}
\end{aligned}
\tag{10}
$$

ただし、$r^2 = (x_x - q_x)^2 + (x_y - q_y)^2$

kは適当な係数

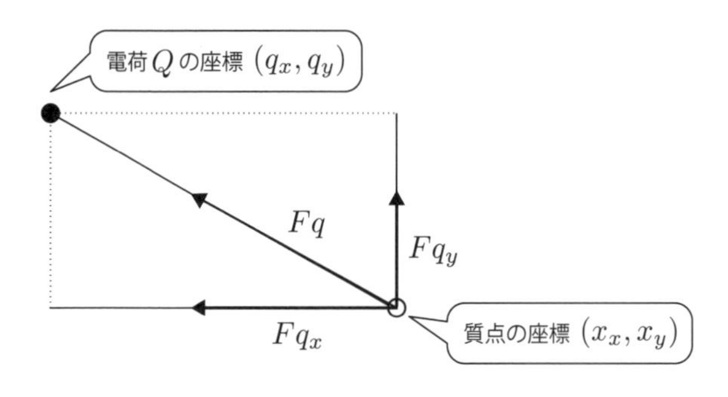

■図 2.6　質点の受ける力

(9)(10)において、係数$k=1$、質点の質量$m=1$とすると、加速度$\boldsymbol{\alpha}=(\alpha_x, \alpha_y)$が求まります。

$$\begin{aligned}\alpha_x &= \frac{x_x - q_x}{r^3} \times q \\ \alpha_y &= \frac{x_y - q_y}{r^3} \times q\end{aligned} \tag{11}$$

電荷が2個以上存在する場合には、式(11)を電荷の数だけ重ね合わせて、最終的な加速度を求めます。後は、先に式(5)を計算したときと同様に、数値計算を行います。計算の手順を以下に示します。

(1) 以下の各変数について、適当な初期値を決定します。

　時刻の刻み幅h
　質点の初速度(v_{x0}, v_{y0})
　質点の初期位置(x_{x0}, x_{y0})
　電荷の個数$nofq$
　すべての電荷q_iについての、位置(q_{xi}, q_{iy})と電荷の大きさq_{iq}

(2) オイラー法により、次のステップの速度v_{next}を求めます。

$$v_{nextx} = v_x + \alpha_x \cdot h$$
$$v_{nexty} = v_y + \alpha_y \cdot h$$

ただしα_x, α_yは、式(11)で求めた値をすべての電荷について加算することで求める

(3) オイラー法により、次のステップの位置x_{next}を求めます。

$$x_{nextx} = x_x + v_{nextx} \cdot h$$
$$x_{nexty} = x_y + v_{nexty} \cdot h$$

(4) 上記(2)(3)を適当な終了条件を満たすまで繰り返します。

以上の計算を行うプログラムefield.pyを**リスト2.5**に示します。また実行例を**実行例2.3**に示します。

efield.pyプログラムの12行目では、電荷の位置座標と電荷の値を設定しています。続く13行目～15行目では、時刻の刻み幅Hやシミュレーション打ち切り時刻TIMELIMITといった、シミュレーションの基本的な設定にかかわる定数を定義しています。

18行目からのメイン実行部では、質点の初速度と初期位置を設定した後、2次元運動の計算を行います。この計算はプログラムの30行目～46行目のwhile文で行います。このwhile文は、シミュレーションが打ち切り時刻に達するか、あるいは質点が電荷に非常に近づいたら終了します。前者の条件は30行目で指定しており、後者は45行目で指定しています。

プログラム33行目～40行目のfor文では、質点と電荷との距離に基づき、質点の受ける力や速度の計算を行っています。この結果に基づき、41行目と42行目で位置を更新し、その値を43行目で出力しています。

■リスト2.5　efield.py プログラム

```
1:# -*- coding: utf-8 -*-
2:"""
3:efield.pyプログラム
4:2次元運動のシミュレーション
```

```
 5:電界中の荷電粒子のシミュレーション
 6:使い方　c:\>python efield.py
 7:"""
 8:# モジュールのインポート
 9:import math
10:
11:# 定数
12:Q = (((0.0, 0.0), 10.0), ((5.0, -5.0), 5.0))  # 電荷の位置と値
13:TIMELIMIT = 20.0                               # シミュレーション打ち切り時刻
14:RLIMIT = 0.1                                   # 距離rの最低値
15:H = 0.01                                       # 時刻の刻み幅
16:
17:# メイン実行部
18:t = 0.0  # 時刻t
19:
20:# 係数の入力
21:vx = float(input("初速度v0xを入力してください:"))
22:vy = float(input("初速度v0yを入力してください:"))
23:x = float(input("初期位置xを入力してください:"))
24:y = float(input("初期位置yを入力してください:"))
25:
26:print("{:.7f} {:.7f} {:.7f} {:.7f} {:.7f}".format(t, x, y, vx, vy))
27:    # 現在時刻と現在の位置
28:
29:# 2次元運動の計算
30:while t < TIMELIMIT:   # 打ち切り時間まで計算
31:    t = t + H          # 時刻の更新
32:    rmin=float("inf")  # 距離の最小値を初期化
33:    for qi in Q:
34:        rx = qi[0][0] - x  # 距離rxの計算
35:        ry = qi[0][1] - y  # 距離ryの計算
36:        r = math.sqrt(rx * rx + ry * ry)    # 距離rの計算
37:        if r < rmin:
38:            rmin = r  # 距離の最小値を更新
39:        vx += (rx / r / r / r * qi[1]) * H  # 速度vxの計算
40:        vy += (ry / r / r / r * qi[1]) * H  # 速度vyの計算
41:    x += vx * H  # 位置xの計算
42:    y += vy * H  # 位置yの計算
43:    print("{:.7f} {:.7f} {:.7f} {:.7f} {:.7f}".format(t, x, y, vx, vy))
```

```
44:         # 現在時刻と現在の位置
45:    if rmin < RLIMIT:
46:         break  # 電荷に非常に近づいたら終了
47:# efield.pyの終わり
```

■実行例 2.3　efield.py プログラムの実行例

```
C:\Users\odaka\Documents\ch2>python efield.py
初速度v0xを入力してください:-2
初速度v0yを入力してください:1
初期位置xを入力してください:2
初期位置yを入力してください:2
0.0000000 2.0000000 2.0000000 -2.0000000 1.0000000
0.0100000 1.9799150 2.0099037 -2.0084992 0.9903688
0.0200000 1.9597452 2.0197100 -2.0169762 0.9806306
0.0300000 1.9394910 2.0294178 -2.0254294 0.9707847
   （以下、出力が続く）
19.9800000 7.7866275 -3.8653038 -0.3792448 -1.4488391
19.9900000 7.7827721 -3.8798071 -0.3855454 -1.4503337
20.0000000 7.7788532 -3.8943253 -0.3918832 -1.4518186

C:\Users\odaka\Documents\ch2>
```

時刻t、質点の位置(x_x, x_y)、および質点の速度(v_x, v_y)を出力

指定された終了条件を満たしたら計算終了

実行例2.3にあるように、efield.pyプログラムは、質点の初速度と初期位置を入力として受け取り、それらを用いて質点の運動を計算します。計算結果として、時刻と質点の位置、および質点の速度を1行ずつ出力します。

gfreefall.pyやglander.pyの場合と同様に、efield.pyにグラフ描画機能を追加しましょう。グラフ描画機能を追加したgefield.pyプログラムを**リスト2.6**に示します。

■リスト 2.6　gefield.py プログラム

```
1:# -*- coding: utf-8 -*-
2:"""
3:gefield.pyプログラム
4:2次元運動のシミュレーション
5:電界中の荷電粒子のシミュレーション
6:matplotlibによるグラフ描画機能付き
7:使い方  c:\>python gefield.py
8:"""
```

```
 9:# モジュールのインポート
10:import numpy as np
11:import matplotlib.pyplot as plt
12:import math
13:
14:# 定数
15:Q = (((0.0, 0.0), 10.0), ((5.0, -5.0), 5.0))  # 電荷の位置と値
16:TIMELIMIT = 20.0  # シミュレーション打ち切り時刻
17:RLIMIT = 0.1      # 距離rの最低値
18:H = 0.01          # 時刻の刻み幅
19:
20:# メイン実行部
21:t = 0.0  # 時刻t
22:# 電荷位置のプロット
23:for qi in Q:
24:    plt.plot(qi[0][0], qi[0][1], ".")
25:
26:# 係数の入力
27:vx = float(input("初速度v0xを入力してください:"))
28:vy = float(input("初速度v0yを入力してください:"))
29:x = float(input("初期位置xを入力してください:"))
30:y = float(input("初期位置yを入力してください:"))
31:
32:print("{:.7f} {:.7f} {:.7f} {:.7f} {:.7f}".format(t, x, y, vx, vy))
33:    # 現在時刻と現在の位置
34:# グラフデータに現在位置を追加
35:xlist = [x]
36:ylist = [y]
37:
38:# 2次元運動の計算
39:while t < TIMELIMIT:    # 打ち切り時間まで計算
40:    t = t + H           # 時刻の更新
41:    rmin=float("inf")  # 距離の最小値を初期化
42:    for qi in Q:
43:        rx = qi[0][0] - x  # 距離rxの計算
44:        ry = qi[0][1] - y  # 距離ryの計算
45:        r = math.sqrt(rx * rx + ry * ry)    # 距離rの計算
46:        if r < rmin:
47:            rmin = r  # 距離の最小値を更新
```

```
48:         vx += (rx / r / r / r * qi[1]) * H  # 速度vxの計算
49:         vy += (ry / r / r / r * qi[1]) * H  # 速度vyの計算
50:     x += vx * H  # 位置xの計算
51:     y += vy * H  # 位置yの計算
52:     print("{:.7f} {:.7f} {:.7f} {:.7f} {:.7f}".format(t, x, y, vx, vy))
53:         # 現在時刻と現在の位置
54:     # グラフデータに現在位置を追加
55:     xlist.append(x)
56:     ylist.append(y)
57:     if rmin < RLIMIT:
58:         break  # 電荷に非常に近づいたら終了
59:
60:# グラフの表示
61:plt.plot(xlist, ylist)  # グラフをプロット
62:plt.show()
63:# gefield.pyの終わり
```

gefield.pyプログラムを用いて実行例2.4の結果を2次元平面にプロットした例を**図2.7**に示します。実行例2.4の実行例では、2つの電荷を$(0,0)$および$(5,-5)$に置いています。

質点は$(2,2)$から初速度$(-2,1)$で運動を開始します。すると、初めは2次元平面の左上に向けて動き出しますが（図の①)、2つの電荷に引かれて下方に運動方向を変えていきます（②)。そして原点$(0,0)$に置かれた電荷0の周囲を大きく回り込むように運動し（③)、やがて電荷1に引かれるようにして電荷1のごく近くをかすめます（④)。

そして、そのまま電荷1を通り過ぎて電荷0の近くまで戻ってきます（⑤）が、今度は出発点付近を逆方向に通り過ぎて、グラフの下方に向けて進みます（⑥)。最後は、$t=20$の計算打ち切り条件を満たして、シミュレーションを終了します（⑦)。

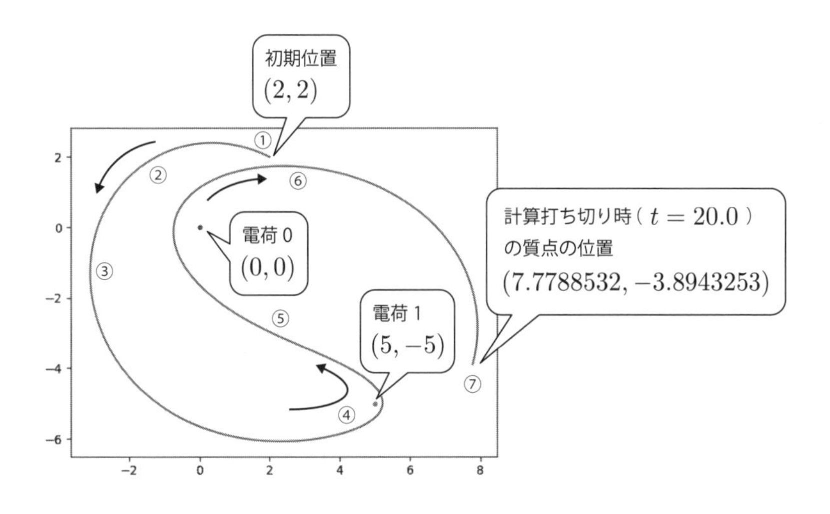

■図 2.7　2 次元運動の xy 平面への描画

リスト2.6および図2.7では、電荷が2つ存在する中を質点が運動するため、シミュレーションとしては面白いのですが、その運動を理解するのは容易ではありません。そこで、もう少し単純な状況での質点の運動を見てみましょう。

実行例2.4は、1つの電荷が原点(0, 0)にあり、その近くから質点が運動を始めた場合のシミュレーション例です。電荷の配置設定をこのように変更するには、gefield.pyプログラムの15行目を次のように変更します。

```
15:Q = (((0.0, 0.0), 10.0), ((5.0, -5.0), 5.0))  # 電荷の位置と値
                ↓
15:Q = (((0.0, 0.0), 3.0), ((0, 0), 0))  # 電荷の位置と値
```

上記のように2番目の電荷の値を0に変更することで、電荷を1つだけに設定できます。またこの例では、(0, 0)に設定する電荷の値も、10から3に変更しています。

図2.8に、その結果をグラフに示します。これを見ると、質点は運動開始後、原点の電荷に引かれて運動の方向を転換し、その後原点を通り過ぎて電荷から離れていくことがわかります。

■実行例 2.4　1 つの電荷が原点$(0, 0)$にあり、その近くである$(2, 2)$から質点が運動を始めた場合のシミュレーション例

```
C:\Users\odaka\Documents\ch2>python gefield.py
初速度v0xを入力してください:-2
初速度v0yを入力してください:-1
初期位置xを入力してください:2
初期位置yを入力してください:2
0.0000000 2.0000000 2.0000000 -2.0000000 -1.0000000
0.0100000 1.9799735 1.9899735 -2.0026517 -1.0026517
0.0200000 1.9599201 1.9799200 -2.0053368 -1.0053504
0.0300000 1.9398396 1.9698390 -2.0080561 -1.0080974
0.0400000 1.9197315 1.9597301 -2.0108101 -1.0108940
   （以下、計算結果が出力される）
```

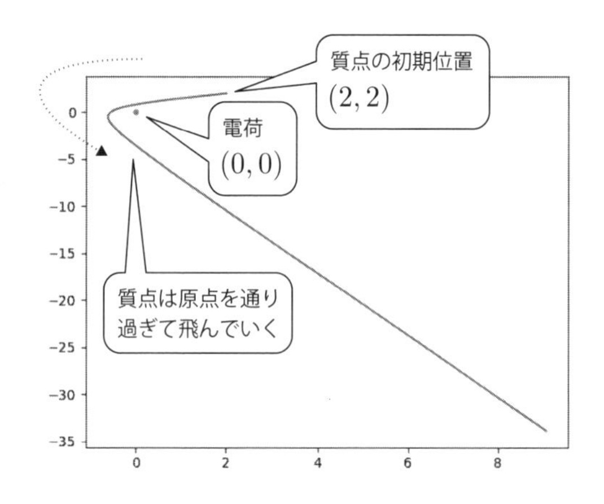

■図 2.8　実行例 2.4 の計算結果のグラフ化

実行例2.5は、実行例2.4とほぼ同様の設定ですが、電荷の符号が反対の場合の運動を計算しています。この場合の電荷の設定は、次のようになります。

```
15:Q = (((0.0, 0.0), 10.0), ((5.0, -5.0), 5.0))  # 電荷の位置と値
            ↓
15:Q = (((0.0, 0.0), -3.0), ((0, 0), 0))  # 電荷の位置と値
```

図2.9に計算結果のグラフを示します。先ほどの例と異なり、今度は質点は電荷から斥力を受けて、弾き飛ばされるようにグラフ平面の左上に向けて進んでいきます。

■実行例 2.5　実行例 2.4 の設定において、電荷の符号を負とした場合のシミュレーション

```
C:\Users\odaka\Documents\ch2>python efield.py
初速度v0xを入力してください:-2
初速度v0yを入力してください:-1
初期位置xを入力してください:2
初期位置yを入力してください:2
0.0000000 2.0000000 2.0000000 -2.0000000 -1.0000000
0.0100000 1.9800265 1.9900265 -1.9973483 -0.9973483
0.0200000 1.9600799 1.9800800 -1.9946634 -0.9946498
0.0300000 1.9401604 1.9701610 -1.9919445 -0.9919032
0.0400000 1.9202685 1.9602699 -1.9891914 -0.9891075
0.0500000 1.9004045 1.9504073 -1.9864034 -0.9862615
0.0600000 1.8805687 1.9405737 -1.9835802 -0.9833640
0.0700000 1.8607615 1.9307695 -1.9807212 -0.9804138
   (以下、計算結果が出力される)
```

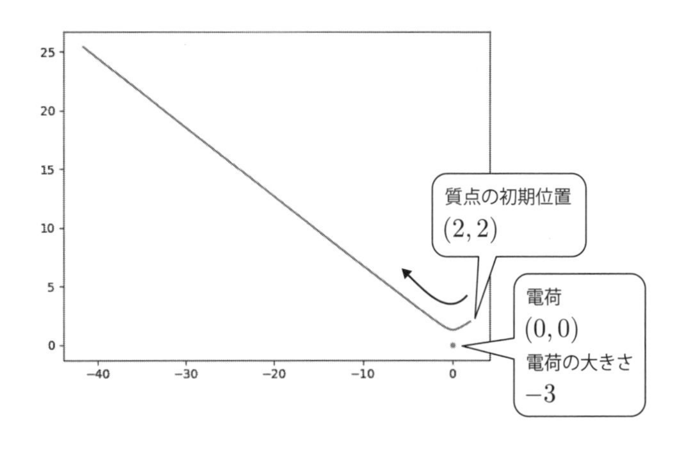

■図 2.9　実行例 2.5 の計算結果のグラフ

efield.pyプログラムによるシミュレーションでは、電荷の数を2つ以上に増やすことも可能です。**実行例2.6**は、電荷の数を3個に変更してシミュレーションした場合の例です。ここでは電荷を次のように配置しています。

```
15:Q = (((0.0, 0.0), 10.0), ((5.0, -5.0), 5.0))  # 電荷の位置と値
          ↓
15:Q = (((0.0, 0.0), 10.0), ((5.0, -5.0), 5.0), ((-5.0, 5.0),
5.0))  # 電荷の位置と値
```

■実行例 2.6　電荷の大きさや初期速度を変更したシミュレーション例

```
C:\Users\odaka\Documents\ch2>python efield.py
初速度v0xを入力してください:-2
初速度v0yを入力してください:1
初期位置xを入力してください:2
初期位置yを入力してください:2
0.0000000 2.0000000 2.0000000 -2.0000000 1.0000000
0.0100000 1.9799071 2.0099071 -2.0092916 0.9907084
0.0200000 1.9597214 2.0197202 -2.0185656 0.9813116
0.0300000 1.9394432 2.0294383 -2.0278207 0.9718090
0.0400000 1.9190727 2.0390603 -2.0370554 0.9621999
0.0500000 1.8986100 2.0485851 -2.0462686 0.9524838
0.0600000 1.8780554 2.0580117 -2.0554586 0.9426599
0.0700000 1.8574092 2.0673390 -2.0646242 0.9327278
   (以下、計算結果が出力される)
```

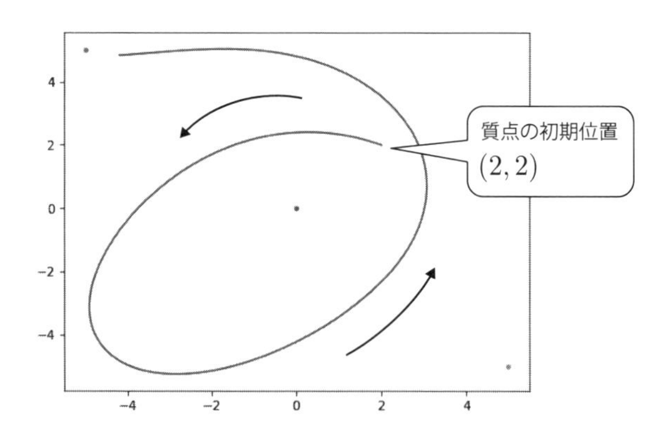

■図 2.10　実行例 2.6 の 2 次元グラフ

2.3 Pythonモジュールの活用

第1章で述べたように、Pythonにはさまざまなモジュールが用意されています。本章で扱った常微分方程式についても、方程式に関する設定を与えるだけで数値計算を実行してくれるモジュールが存在します。

リスト2.7は、scipyというモジュールを利用して、freefall.pyプログラムと同様の計算を行うプログラムodefreefall.pyです。odefreefall.pyでは、必要な設定を施した後、31行目の下記1行だけで、微分方程式の計算を実行します。

```
31:x = odeint(f, x0, t)             # 計算の本体
```

odefreefall.pyプログラムでは、scipyモジュールを利用します。このため、実行にあたってはscipyモジュールがインストールされていることが必要です。

■リスト2.7　freefall.pyプログラムと同様の計算を行うodefreefall.pyプログラム

```
 1:# -*- coding: utf-8 -*-
 2:"""
 3:odefreefall.pyプログラム
 4:自由落下のシミュレーション
 5:自由落下の運動法方程式を数値的に解く
 6:SciPyのodeモジュールを利用する
 7:使い方  c:\>python odefreefall.py
 8:"""
 9:# モジュールのインポート
10:import numpy as np
11:from scipy.integrate import odeint
12:
13:# 定数
14:G = 9.80665  # 重力加速度
15:
16:# 下請け関数の定義
17:# f()関数
18:def f(x,t):
19:    """微分方程式の右辺を与える"""
20:    return [x[1], -G]
21:# f()関数の終わり
```

```
22:
23:# メイン実行部
24:# 係数の入力
25:v = float(input("初速度v0を入力してください:"))
26:x = float(input("初期高度x0を入力してください:"))
27:
28:# 自由落下の計算
29:x0 = [x, v]                          # 初期条件の設定
30:t = np.arange(0, 4.53, 0.01)  # 0～4.53秒までを0.01秒刻みで計算
31:x = odeint(f, x0, t)                 # 計算の本体
32:print(x)  # 結果の出力
33:# odefreefall.pyの終わり
```

■実行例 2.7　odefreefall.py プログラムの実行例

```
C:\Users\odaka\Documents\ch2>python odefreefall.py
初速度v0を入力してください:0
初期高度x0を入力してください:100
[[  1.00000000e+02   0.00000000e+00]
 [  9.99995097e+01  -9.80665000e-02]
 [  9.99980387e+01  -1.96133000e-01]
 [  9.99955870e+01  -2.94199500e-01]
 [  9.99921547e+01  -3.92266000e-01]
 [  9.99877417e+01  -4.90332500e-01]
 [  9.99823480e+01  -5.88399000e-01]
 [  9.99759737e+01  -6.86465500e-01]
 [  9.99686187e+01  -7.84532000e-01]
   (以下、計算結果が出力される)
```

章末問題

(1) オイラー法は、常微分方程式の解法としては、ほぼ教育用にしか用いられない素朴な方法です。付録A.1を参考にして、4次のルンゲクッタ法による常微分方程式の数値計算プログラムを作成してください。

(2) 実際の落下運動では、落下物は空気抵抗を受けます。空気抵抗は、速度に比例する力であることがわかっています。そこで、空気抵抗を考慮した落下運動の運動方程式を作成し、これを数値的に解くことで、より現実的な落下シミュレーションを行ってみてください。

（ヒント）

落下物に加わる力は、重力による力mgと、空気抵抗による力$-kv_f$です。ただし、v_fは落下速度であり、kは空気抵抗の比例定数です。すると運動方程式は、

$$m\frac{dv_f}{dt} = mg - kv_f$$

となります。これを解析的に解くこともできますが、ここでは適当な初期値から数値計算で落下運動の様子を計算しましょう。

(3) 2.2節で扱った2次元平面内の運動シミュレーションは、電荷を持った粒子の運動を単純化したものです。ただし簡単のため、運動する質点の電荷は常に-1とし、電荷に働く力の係数kは1としてしまいました。実際には、電荷に働く力であるクーロン力$\boldsymbol{F}$は次の式に従います。

$$\boldsymbol{F} = \frac{1}{4\pi\varepsilon_0}\frac{q_1q_2}{r^2}\frac{\boldsymbol{r}}{r}$$

ただし、q_1, q_2は各電荷の大きさ(C)、ε_0は真空の誘電率で$\varepsilon_0 = 8.854 \times 10^{-12}$です。
上式を用いて、より現実世界に即したシミュレーションを行ってみてください。

(4) efield.pyプログラムでは、運動する質点が固定された電荷にある程度近づくと、シミュレーションを終了します。この条件を取り払ってシミュレーションを続行するとどうなるでしょうか。

(5) efield.pyプログラムを発展させて、次のようなシミュレーションゲーム「ハイパー☆カーリング」を作成してみてください。

シミュレーションゲーム「ハイパー☆カーリング」

「ハイパー☆カーリング」は、2次元平面内を運動する電荷を持ったボール（ストーン）を、ある場所に設置されたゴールに送るゲームです。

2次元平面内には複数の電荷が固定されています。ボール（ストーン）は、あるスタート地点から、プレーヤーの指定した初期速度で運動を開始します。いったんボール（ストーン）が運動し始めると、途中でボール（ストーン）を操作することはできません。ボール（ストーン）がゴールの一定距離以内を通過したら、ボール（ストーン）がゴールに到達したとします。

プレーヤーは何度でも運動を繰り返せます。得点は、ボール（ストーン）の運動継続時間の長さが長いほど高く、ゴール中央に近い点を通るほうが高くなります。ただし、ボール（ストーン）がゴールに到達しなければ得点になりません。

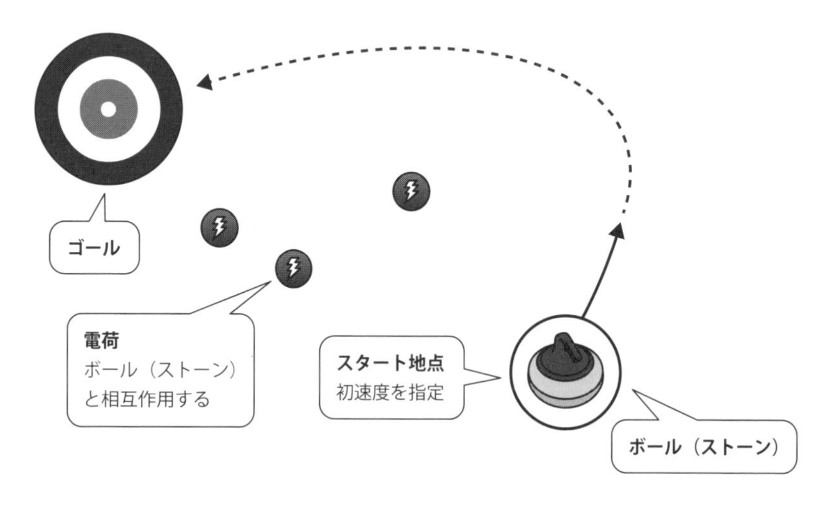

■図 2.11 「ハイパー☆カーリング」の画面イメージ

第3章

偏微分方程式に基づく物理シミュレーション

本章では、二階線形偏微分方程式によって表現された物理現象をシミュレートする計算プログラムを示します。具体的な対象として、ラプラスの方程式の境界値問題の解法について扱います。

3.1 偏微分方程式の境界値問題

偏微分方程式（partial differential equation）とは、偏微分によって未知の関数を記述した微分方程式のことです。偏微分方程式は、物理現象を記述する方程式として力学や電磁気学の基本法則を表現するための手段として用いられるだけでなく、自然科学から社会科学に至るさまざまな分野で広く用いられています。

偏微分方程式にはさまざまな形式のものがありますが、ここでは、二階の偏微分を含む二階偏微分方程式を扱うことにします。また、後で扱うシミュレーションを2次元平面で行うために、2変数の偏微分方程式を考えます。二階偏微分方程式はその挙動がよく研究されており、名前の付いた有名な偏微分方程式がたくさんあります。ここでは、ラプラスの方程式、ポアソンの方程式、拡散方程式などを紹介します。

3.1.1 ラプラスの方程式

典型的な2変数二階偏微分方程式として、次の方程式を最初に考えます。

$$\frac{\partial^2 u(x,y)}{\partial x^2} + \frac{\partial^2 u(x,y)}{\partial y^2} = 0 \tag{1}$$

方程式(1)は、**ラプラスの方程式（Laplace's equation）**として知られています。式(1)は、次のように書くこともよくあります。

$$\Delta u(x,y) = 0 \tag{2}$$

ただし、

$$\Delta = \frac{\partial^2}{\partial x^2} + \frac{\partial^2}{\partial y^2} \tag{3}$$

(3)で、記号Δは**ラプラシアン（Laplacian）**と呼ばれる演算子です。

さて、ラプラスの方程式(1)は、物理的には何を表しているのでしょうか。方程式(1)をそのとおり解釈すると、未知の関数$u(x, y)$は、変数xとyの二階の偏微分の和が0となるように決定される、という意味になります。

このことを直感的に理解するために、まず、1変数の関数$f(x)$を考えます。1変数の関数では、偏微分は普通の微分と同じです。二階の（偏）微分f''が0となるのは、一階微分の値が変化しない場合です。この場合、元の関数のグラフは直線になります。二階微分の値が0でなければ、その符号に応じてグラフは上に凸であったり、下に凸になったりします（**図3.1**）。

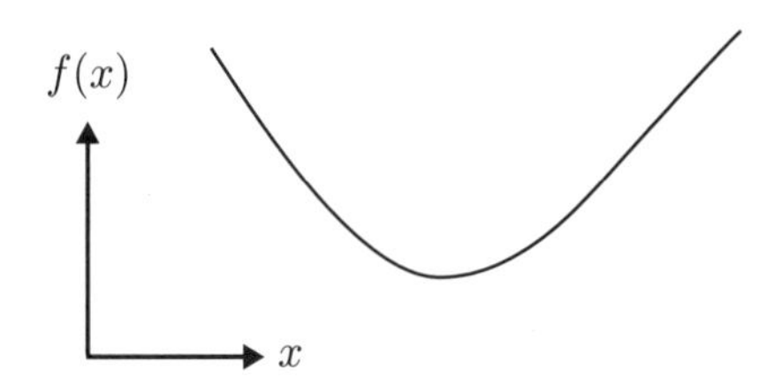

(1)　$f'' > 0$　グラフは下に凸

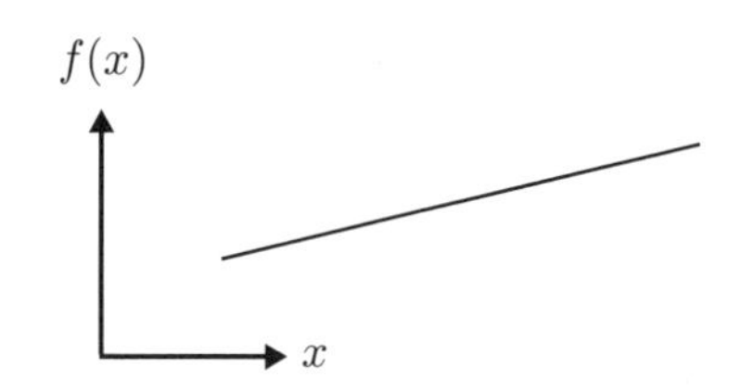

(2)　$f'' = 0$　グラフは直線

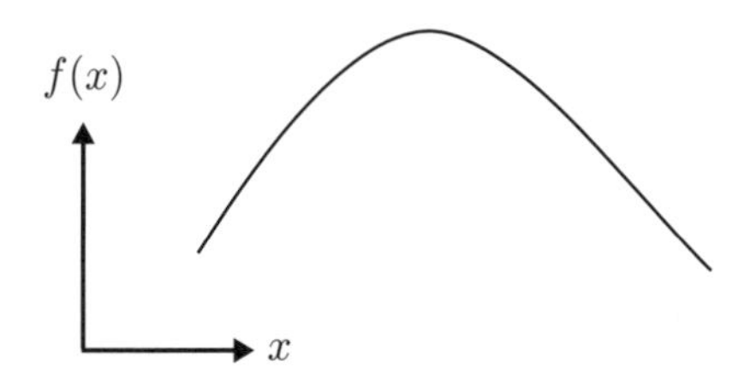

(3)　$f'' < 0$　グラフは上に凸

■図3.1　1変数の関数$f(x)$での二階微分値とそのグラフの形状の関係

2変数関数$u(x,y)$の二階偏微分も同様に考えることができます。ラプラスの方程式において二階偏微分の値の和が0であるとは、$u(x,y)$で表される平面に凹凸がなく、なだらかに平面がつながっていることを意味します（**図3.2**）。直感的には、ラプラスの方程式で得られる関数$u(x,y)$の平面の形状は、枠に合わせてゴムの膜を張ったような形状となります。この膜には表面に膨らみやへこみはなく、x軸方向に沿って凸となる部分では、y軸方向に沿って凹となっています。

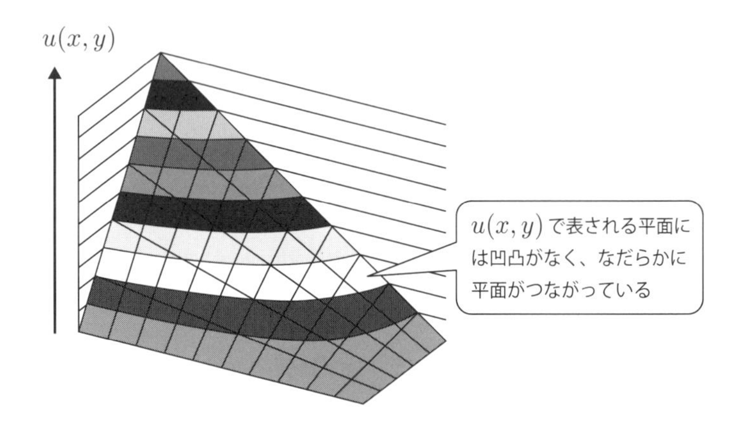

■図3.2　ラプラスの方程式で表される関数$u(x,y)$で表される平面は凹凸がない

なお、二階偏微分の値の和が0でなければ、$u(x,y)$で表される平面には凹凸が存在することを意味します。この場合の二階偏微分方程式は、ラプラスの方程式を一般化した次の方程式(4)、(5)となります。この方程式を、**ポアソンの方程式（Poisson's equation）**と呼びます。ポアソンの方程式で$f(x,y)\equiv 0$とすれば、ラプラスの方程式となります。

$$\frac{\partial^2 u(x,y)}{\partial x^2}+\frac{\partial^2 u(x,y)}{\partial y^2}=f(x,y) \tag{4}$$

または

$$\Delta u(x,y)=f(x,y) \tag{5}$$

ラプラスの方程式やポアソンの方程式は、さまざまな物理現象を表すのに用いられます。たとえばラプラスの方程式は、先ほど説明したように、たるみのない膜の形状や、内部に電荷のない電界のポテンシャルを表現することができます。また、第2章で扱ったような内部に電荷のある電界は、ポアソンの方程式で表現することが可能です。

3.1.2 ラプラスの方程式の境界値問題

次に、偏微分方程式の数値解法について考えます。対象として、ラプラスの方程式を考えます。

ラプラスの方程式を解くとは、方程式(1)を満足するような未知の関数$u(x,y)$を求める作業です。しかし方程式(1)は、関数$u(x,y)$の性質を与えているに過ぎず、このままでは解きようがありません。具体的に解となる関数を決定するには、方程式(1)以外に、さらに追加の条件が必要となります。

図3.2に示したように、ラプラスの方程式を満足する未知の関数$u(x,y)$は、平面の四隅を凹凸なくなだらかにつなぎます。そこで、関数$u(x,y)$が表す平面の四隅の値を決めてやれば、その間の関数の値を決定することができます。このように、関数の表す平面の端の値を決めてやり、その内部をラプラスの方程式を満足するように計算することを、**境界値問題（boundary value problem）**を解く、と言います。この場合の境界値とは、関数の表す平面の端の値を意味します。

$$\frac{\partial^2 u(x,y)}{\partial x^2} + \frac{\partial^2 u(x,y)}{\partial y^2} = 0$$

解の領域D: $0 \leq x \leq 1, 0 \leq y \leq 1$

(1) 数値計算の対象とするラプラスの方程式と解の領域D

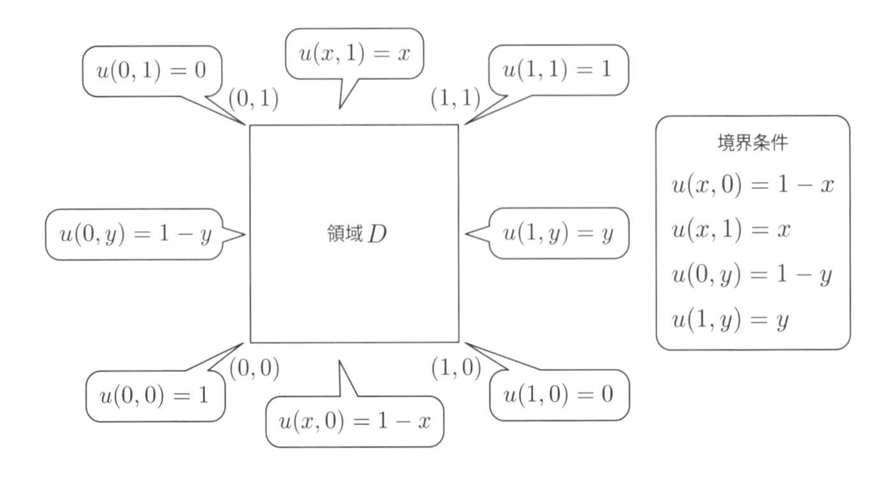

(2) 領域の境界値を決定する

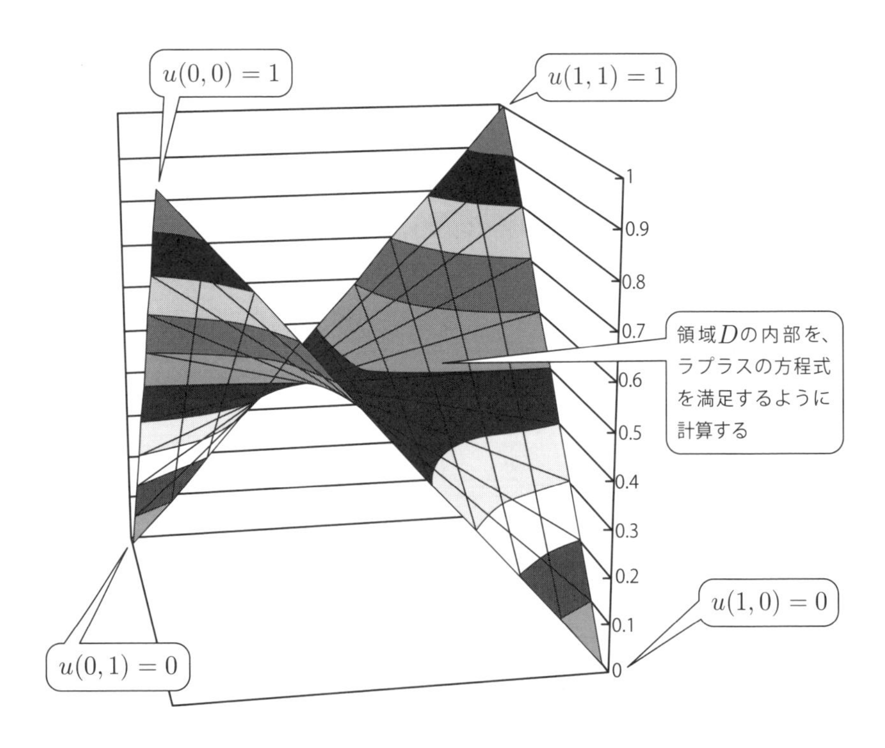

(3) 領域 D 内部を、ラプラスの方程式を満足するように計算する

■図 3.3　偏微分方程式の境界値問題

図3.3に、ラプラスの方程式の境界値問題を解く作業の流れを示します。最初に、ラプラスの方程式と、未知の関数$u(x, y)$の定義される領域Dを決定します。領域Dは、どのような問題を解きたいのかによって決定されます。図3.3の(1)では、領域Dは原点と$(1, 1)$を頂点とする正方形として定義しています。

次に、境界条件を与えます。図3.3の(2)に示す境界条件では、領域Dの周囲に沿って、関数$u(x, y)$の値が直線的に変化するよう設定しています。原点$(0, 0)$と$(1, 1)$では、$u(0, 0) = u(1, 1) = 1$とし、残り2つの頂点では$u(0, 1) = u(1, 0) = 0$としています。

後は、境界条件を満たすように領域Dの内部の値を決定します。何らかの方法で値を決定すると、領域Dの内部の値が求まり、図3.3の(3)に示すようなグラフを描画することができます。

3.1.3　境界値問題の数値解法

次の問題は、図3.3の(3)で行う必要のある、領域D内部の値の数値計算方法を見つけることです。数値計算を行うためには、第2章で常微分方程式を扱った場合と同様に、問題を離散化しなければなりません。ここでは、計算対象である領域Dの内部を、格子状に離散化し、ラプラスの方程式を差分方程式に直して、各格子点の値を数値計算することにします。

まず、領域Dの内部を格子状に離散化することを考えます。簡単のため、x方向とy方向に同じ幅hで格子を設定すると、領域Dは**図3.4**のように考えることができます。

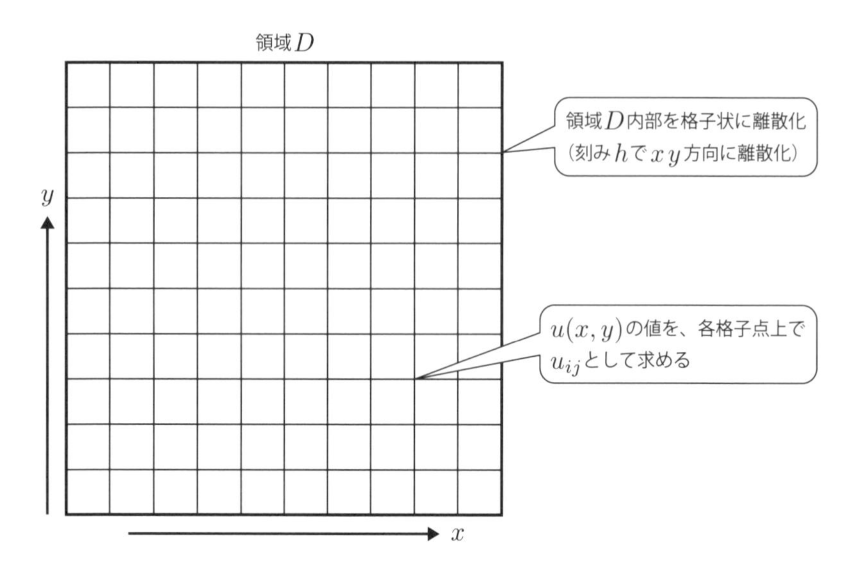

■図3.4　領域Dを格子状に離散化する

図3.4で、ラプラスの方程式を満足するように格子点u_{ij}の値を決めるには、隣接する上下左右の格子点の値に対して、u_{ij}の値が隣接点の値から離れることなくなめらかでなければなりません。このためには、u_{ij}の値が隣接4点の平均値である必要があります(**図3.5**)。

$$u_{ij} = \frac{u_{i,j-1} + u_{i-1,j} + u_{i+1,j} + u_{i,j+1}}{4} \tag{6}$$

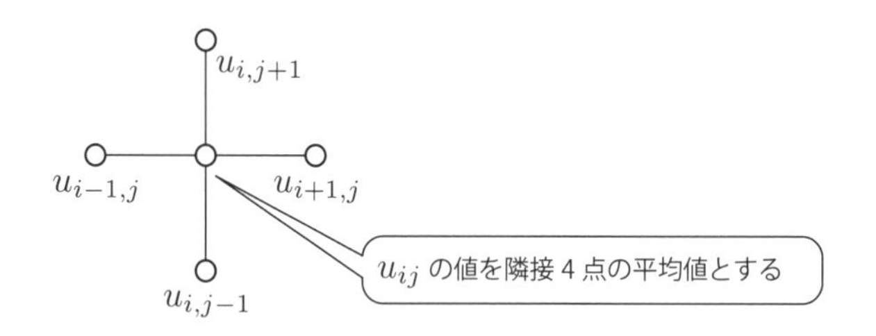

■図3.5　u_{ij}の値を隣接4点の平均値とする

上記の議論はごく直感的ですが、偏微分を差分として考えれば同様の結論を得ることができます。詳しくは付録A.2を参照してください。

図3.5のように考えると、境界値問題とは、すべての格子点について、隣接する格子点との関係を式(6)を満たすように決定する問題となります。

たとえば**図3.6**のような問題では、領域D内部のu_{11}〜u_{33}について、関係式を作成できます。**図3.7**にu_{11}の場合を示します。図3.7で、u_{11}の値は、上下左右の4点の値の平均として、

$$u_{11} = (0 + 0 + u_{21} + u_{12})/4$$

と表すことができます。同様にして、領域D内部のu_{11}〜u_{33}について式を作成すると、**図3.8**のようになります。図3.8の式を満たす値の組u_{11}〜u_{33}を計算することが、境界値問題を解く計算にあたります。

$$\frac{\partial^2 u(x,y)}{\partial x^2} + \frac{\partial^2 u(x,y)}{\partial y^2} = 0$$

解の領域$D: 0 \leq x \leq 1, 0 \leq y \leq 1$

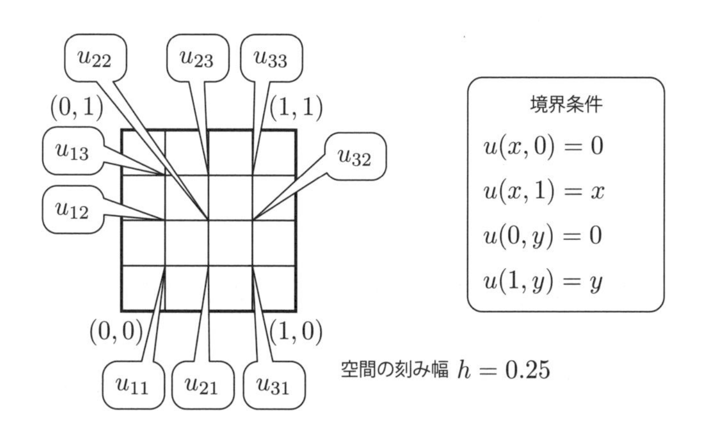

■図3.6 境界値問題の例（非常に粗い離散化の例）

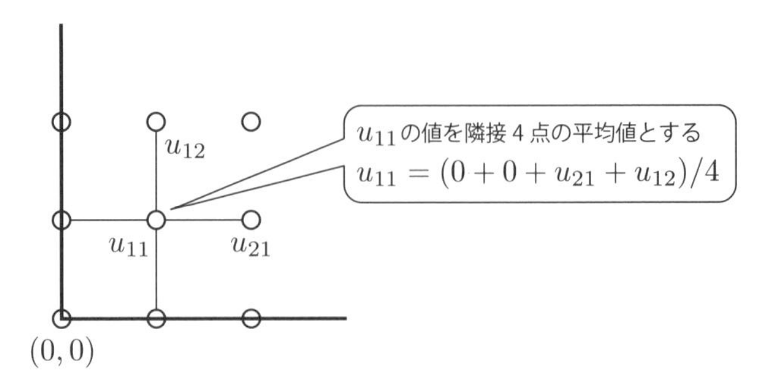

■図3.7　図3.6のu_{11}の値を、隣接4点の平均から求める

図3.7に示した式と同じ

以下同様に、u_{11}～u_{33}について式を作成する

$$
\begin{cases}
u_{11}=(0+0+u_{21}+u_{12})/4\\
u_{21}=(0+u_{11}+u_{31}+u_{22})/4\\
u_{31}=(0+u_{21}+0.25+u_{32})/4\\
u_{12}=(u_{11}+0+u_{22}+u_{13})/4\\
u_{22}=(u_{21}+u_{12}+u_{32}+u_{23})/4\\
u_{32}=(u_{31}+u_{22}+0.5+u_{33})/4\\
u_{13}=(u_{12}+0+u_{23}+0.25)/4\\
u_{23}=(u_{22}+u_{13}+u_{33}+0.5)/4\\
u_{33}=(u_{32}+u_{23}+0.75+0.75)/4
\end{cases}
\tag{7}
$$

■図3.8　図3.6のu_{11}～u_{33}を決定する9元連立方程式

3.1.4 ガウスの消去法による境界値問題の計算

上記の式(7)のような連立方程式を数値計算で解くには、さまざまな方法が考えられます。たとえば、**ガウスの消去法**（**Gaussian elimination**）を用いると数値的に解くことができます。

ガウスの消去法は、連立方程式の係数を操作することで項を順次消去し、最終的に解を求めるアルゴリズムです。今、連立方程式を次のように表現します。

$$
\boldsymbol{A}\boldsymbol{x}=\boldsymbol{b} \tag{8}
$$

ただし、$\boldsymbol{A}$は**係数行列（coefficient matrix）**であり、$\boldsymbol{x}$と$\boldsymbol{b}$はそれぞれ、未知変数と、方程式右辺を表すベクトルです。

$$\boldsymbol{A} = \begin{pmatrix} a_{11} & a_{12} & \cdots & a_{1n} \\ a_{21} & a_{22} & \cdots & a_{2n} \\ \vdots & & \ddots & \\ a_{n1} & a_{n2} & \cdots & a_{nn} \end{pmatrix}$$

$$\boldsymbol{x} = \begin{pmatrix} x_1 \\ x_2 \\ \vdots \\ x_n \end{pmatrix} \qquad \boldsymbol{b} = \begin{pmatrix} b_1 \\ b_2 \\ \vdots \\ b_n \end{pmatrix}$$

今、アルゴリズムの説明を簡略化するため、$\boldsymbol{A}$と$\boldsymbol{b}$を並べた行列を作成します。これを**拡大係数行列（enlarged coefficient matrix）**と呼びます。

$$\begin{pmatrix} a_{11} & a_{12} & \cdots & a_{1n} & b_1 \\ a_{21} & a_{22} & \cdots & a_{2n} & b_2 \\ \vdots & & \ddots & & \vdots \\ a_{n1} & a_{n2} & \cdots & a_{nn} & b_n \end{pmatrix} \tag{9}$$

ガウスの消去法は、拡大係数行列に対して、**前進消去（forward elimination）**と**後退代入（backward substitution）**という2段階の操作を行います。

まず前進消去では、拡大係数行列の1行目をa_{11}で割ることで、a_{11}を1にします。割った結果は、以下では係数に1回操作を加えたという意味で、(1)という記号を付けて表現しています。実際には式(10)では、たとえば${a_{12}}^{(1)} = a_{12}/a_{11}$を表します。

$$\begin{pmatrix} 1 & {a_{12}}^{(1)} & \cdots & {a_{1n}}^{(1)} & {b_1}^{(1)} \\ a_{21} & a_{22} & \cdots & a_{2n} & b_2 \\ \vdots & & \ddots & & \vdots \\ a_{n1} & a_{n2} & \cdots & a_{nn} & b_n \end{pmatrix} \tag{10}$$

次に、1行目にa_{21}を掛けて2行目から引くことで、a_{21}を消去します。

$$\begin{pmatrix} 1 & {a_{12}}^{(1)} & \cdots & {a_{1n}}^{(1)} & {b_1}^{(1)} \\ 0 & {a_{22}}^{(1)} & \cdots & {a_{2n}}^{(1)} & {b_2}^{(1)} \\ \vdots & & \ddots & & \vdots \\ a_{n1} & a_{n2} & \cdots & a_{nn} & b_n \end{pmatrix} \tag{11}$$

同様にして、a_{31}からa_{n1}までの係数を消去します。

$$\begin{pmatrix} 1 & {a_{12}}^{(1)} & \cdots & {a_{1n}}^{(1)} & {b_1}^{(1)} \\ 0 & {a_{22}}^{(1)} & \cdots & {a_{2n}}^{(1)} & {b_2}^{(1)} \\ \vdots & & \ddots & & \vdots \\ 0 & {a_{n2}}^{(1)} & \cdots & {a_{nn}}^{(1)} & {b_n}^{(1)} \end{pmatrix} \tag{12}$$

次に、2行目の各係数を${a_{22}}^{(1)}$で割ることで、${a_{22}}^{(1)}$を1にします。

$$\begin{pmatrix} 1 & {a_{12}}^{(1)} & \cdots & {a_{1n}}^{(1)} & {b_1}^{(1)} \\ 0 & 1 & \cdots & {a_{2n}}^{(2)} & {b_2}^{(2)} \\ \vdots & & \ddots & & \vdots \\ 0 & {a_{n2}}^{(1)} & \cdots & {a_{nn}}^{(1)} & {b_n}^{(1)} \end{pmatrix} \tag{13}$$

2行目を使って${a_{32}}^{(1)}$から${a_{n2}}^{(1)}$までを消去します。

$$\begin{pmatrix} 1 & {a_{12}}^{(1)} & \cdots & {a_{1n}}^{(1)} & {b_1}^{(1)} \\ 0 & 1 & \cdots & {a_{2n}}^{(2)} & {b_2}^{(2)} \\ \vdots & & \ddots & & \vdots \\ 0 & 0 & \cdots & {a_{nn}}^{(2)} & {b_n}^{(2)} \end{pmatrix} \tag{14}$$

以下これを繰り返すことで下記の式(15)を得ます。

$$\begin{pmatrix} 1 & {a_{12}}^{(1)} & \cdots & {a_{1n}}^{(1)} & {b_1}^{(1)} \\ 0 & 1 & \cdots & {a_{2n}}^{(2)} & {b_2}^{(2)} \\ \vdots & & \ddots & & \vdots \\ 0 & 0 & \cdots & 1 & {b_n}^{(n)} \end{pmatrix} \tag{15}$$

式(15)により、x_nが求まりました。これで前進消去の作業は終了です。

$$x_n = {b_n}^{(n)} \tag{16}$$

後は、式(16)の値を式(15)の下から2番目の行に代入することで、x_{n-1}が求まります。以下同様に$x_{n-2}, x_{n-3}, \cdots, x_1$を求めることができます。この作業を後退代入と呼びます。

以上の方法で連立方程式を解くプログラムgauss.pyを**リスト3.1**に示します。また、gauss.pyプログラムを使って式(7)を解いた結果を**実行例3.1**に示します。

■リスト3.1　連立方程式を解くgauss.pyプログラム

```
 1:# -*- coding: utf-8 -*-
 2:"""
 3:gauss.pyプログラム
 4:ガウスの消去法
 5:ガウスの消去法で連立方程式を解く
 6:使い方  c:\>python gauss.py
 7:"""
 8:
 9:# グローバル変数
10:N = 9   # n元連立方程式を解く
11:r = [[4, -1, 0, -1, 0, 0, 0, 0, 0, 0], [-1, 4, -1, 0, -1, 0, 0, 0, 0, 0],
```

```
12:    [0, -1, 4, 0, 0, -1, 0, 0, 0, 0.25], [-1, 0, 0, 4, -1, 0, -1, 0, 0, 0],
13:    [0, -1, 0, -1, 4, -1, 0, -1, 0, 0], [0, 0, -1, 0, -1, 4, 0, 0, -1, 0.5],
14:    [0, 0, 0, -1, 0, 0, 4, -1, 0, 0.25], [0, 0, 0, 0, -1, 0, -1, 4, -1, 0.5],
15:    [0, 0, 0, 0, 0, -1, 0, -1, 4, 1.5]]  # 拡大係数行列
16:
17:# 下請け関数の定義
18:# forward()関数
19:def forward(r):
20:    """前進消去"""
21:    for i in range(0, N):
22:        rii = r[i][i]
23:        for j in range(i, N + 1):
24:            r[i][j] /= rii          # 行iの係数をriiで割る
25:        for k in range(i + 1, N):  # i+1行以下の処理
26:            rki = r[k][i]
27:            for j in range(i, N + 1):
28:                r[k][j] -= r[i][j] * rki  # 先頭項の消去
29:# forward()関数の終わり
30:
31:# backward()関数
32:def backward(r,x):
33:    """後退代入"""
34:    for i in range(N-1, -1, -1):  # 下段から上段に向けて逐次代入
35:        sum = 0.0
36:        for j in range(i + 1, N):
37:            sum += r[i][j] * x[j]  # 各項の和
38:        x[i] = r[i][N] - sum  # xiの計算
39:# backward()関数の終わり
40:
41:# メイン実行部
42:x = [0] * N      # 未知変数
43:forward(r)       # 前進消去
44:backward(r, x)  # 後退代入
45:# 結果の出力
46:print(r)
47:print(x)
48:# gauss.pyの終わり
```

■実行例 3.1 gauss.py プログラムの実行結果

拡大係数行列の計算結果

```
C:\Users\odaka\Documents\ch3>python gauss.py
[[1.0, -0.25, 0.0, -0.25, 0.0, 0.0, 0.0, 0.0, 0.0, 0.0], [0.0, 1.0,
-0.26666666666666666, -0.06666666666666667, -0.26666666666666666,
0.0, 0.0, 0.0, 0.0, 0.0], [0.0, 0.0, 1.0, -0.017857142857142856,
-0.07142857142857142, -0.26785714285714285, 0.0, 0.0, 0.0,
0.06696428571428571], [0.0, 0.0, 0.0, 1.0, -0.28708133971291866,
-0.004784688995215311, -0.2679425837320574, 0.0, 0.0,
0.0011961722488038277], [0.0, 0.0, 0.0, 0.0, 1.0, -0.31601123595505615,
-0.0842696629213483l, -0.29353932584269665, 0.0,
0.0056179775280898875], [0.0, 0.0, 0.0, 0.0, 0.0, 1.0,
-0.028157349896480333, -0.09316770186335405, -0.294824016563147,
0.16894409937888202], [0.0, 0.0, 0.0, 0.0, 0.0, 0.0, 1.0,
-0.2950379973178364, -0.007599463567277602, 0.07258605274921769],
[0.0, 0.0, 0.0, 0.0, 0.0, 0.0, 0.0, 1.0, -0.32835820895522394,
0.1902985074626866], [0.0, 0.0, 0.0, 0.0, 0.0, 0.0, 0.0, 0.0, 1.0, 0.5625]]

[0.0625, 0.125, 0.1875, 0.125, 0.25000000000000006, 0.37500000000000006,
0.1875, 0.37500000000000006, 0.5625]

C:\Users\odaka\Documents\ch3>
```

求められた計算結果（u_{11}〜u_{33}）

なお、ここではガウスの消去法のアルゴリズムの紹介とその実装方法を示すため、Pythonの基本的な言語機能のみを用いて連立方程式の解法プログラムを作成しました。しかしながら、実は、Pythonには簡単に連立方程式を解くことのできるnumpyモジュールが用意されています。このことは、3.3節で改めて取り上げます。

3.1.5 逐次近似による境界値問題の計算

ガウスの消去法は、手作業で連立方程式を解く作業を、コンピュータのアルゴリズムとして書き下した数値解法です。これに対して、近似を繰り返すことで連立方程式を解く方法があります。これを連立方程式の**反復法**による逐次近似解法と呼びます。

一般の連立方程式を反復法で解く手法として、**ガウスザイデル法（Gauss-Seidel method）**や**ヤコビ法（Jacobi method）**が知られています。ここではラプラスの方程式を離散化した連立方程式を、ヤコビ法に基づく反復法による逐次近似を用いて解くことを考えます。

前掲の図3.6のu_{ij}を行列として表すと、次の式(17)のようになります。

$$\begin{pmatrix} 0 & 0.25 & 0.5 & 0.75 & 1 \\ 0 & u_{13} & u_{23} & u_{33} & 0.75 \\ 0 & u_{12} & u_{22} & u_{32} & 0.5 \\ 0 & u_{11} & u_{21} & u_{31} & 0.25 \\ 0 & 0 & 0 & 0 & 0 \end{pmatrix} \tag{17}$$

式(17)で$u_{11} \sim u_{33}$は未知ですが、適当な値を仮の近似値として設定してみましょう。たとえば、すべての値を0と仮定します。

$$\begin{pmatrix} 0 & 0.25 & 0.5 & 0.75 & 1 \\ 0 & 0 & 0 & 0 & 0.75 \\ 0 & 0 & 0 & 0 & 0.5 \\ 0 & 0 & 0 & 0 & 0.25 \\ 0 & 0 & 0 & 0 & 0 \end{pmatrix} \tag{18}$$

式(18)は適当な値を設定しただけなので、当然ながら、このままではラプラスの方程式を満足することはできません。そこで第1次近似として、適当な順序で式(6)を$u_{11} \sim u_{33}$に適用することで、近似値を改善することを試みます（**図3.9**）。図3.9では、式(18)の値をもとに、$u_{11} \sim u_{33}$の値を式(6)により計算し直しています。

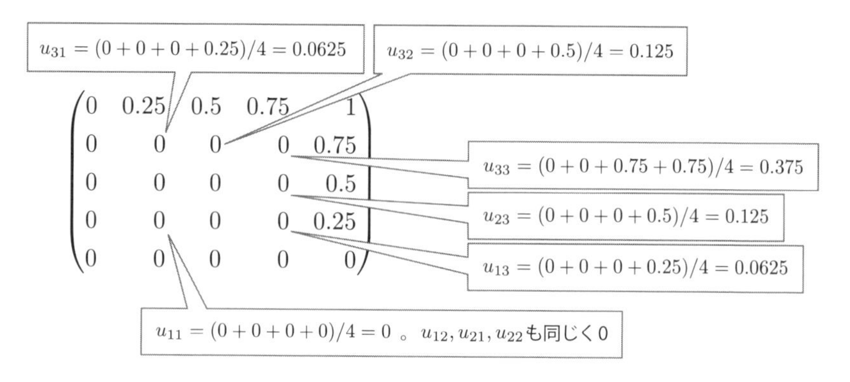

■図3.9　式(18)に対して式(6)を$u_{11} \sim u_{33}$に適用することで、近似値を改善する

図3.9の計算結果は式(19)のようになります。

$$\begin{pmatrix} 0 & 0.25 & 0.5 & 0.75 & 1 \\ 0 & 0.0625 & 0.125 & 0.375 & 0.75 \\ 0 & 0 & 0 & 0.125 & 0.5 \\ 0 & 0 & 0 & 0.0625 & 0.25 \\ 0 & 0 & 0 & 0 & 0 \end{pmatrix} \tag{19}$$

式(19)に、同様にもう一度式(6)を適用します。すると、式(20)の結果を得ます。

$$\begin{pmatrix} 0 & 0.25 & 0.5 & 0.75 & 1 \\ 0 & 0.09375 & 0.234375 & 0.4375 & 0.75 \\ 0 & 0.015625 & 0.0625 & 0.234375 & 0.5 \\ 0 & 0 & 0.015625 & 0.09375 & 0.25 \\ 0 & 0 & 0 & 0 & 0 \end{pmatrix} \tag{20}$$

以下同様に繰り返すことで、逐次的に近似値を改善します。この例では、40回程度の反復で、式(21)を得ることができます。この結果は、先の実行例3.1に示した、ガウスの消去法による結果と一致します。

$$\begin{pmatrix} 0 & 0.25 & 0.5 & 0.75 & 1 \\ 0 & 0.1875 & 0.375 & 0.5625 & 0.75 \\ 0 & 0.125 & 0.25 & 0.375 & 0.5 \\ 0 & 0.0625 & 0.125 & 0.1875 & 0.25 \\ 0 & 0 & 0 & 0 & 0 \end{pmatrix} \tag{21}$$

以上のアルゴリズムに基づいて、後の3.2節では具体的なプログラムの作成方法を示します。

3.1.6 その他の二階偏微分方程式

ここまでの説明では、二階偏微分方程の代表例としてラプラスの方程式やポアソンの方程式を扱いました。これらの方程式は、**楕円型偏微分方程式（elliptic**

partial differential equation）と呼ばれています。定数係数の2変数二階偏微分方程式には、これ以外にも、**波動方程式（双曲型偏微分方程式）（wave equation, hyperbolic partial differential equation）**や、**拡散方程式（放物型偏微分方程式）（diffusion equation, parabolic partial differential equation）**などがあります。**表3.1**に、典型的な二階偏微分方程式の例を示します。

■表3.1　典型的な二階偏微分方程式の例

型	名称	方程式	説明
楕円型	ラプラスの方程式	$\dfrac{\partial^2 u(x,y)}{\partial x^2}+\dfrac{\partial^2 u(x,y)}{\partial y^2}=0$ または $\Delta u(x,y)=0$	ポアソンの方程式の特殊型
	ポアソンの方程式	$\dfrac{\partial^2 u(x,y)}{\partial x^2}+\dfrac{\partial^2 u(x,y)}{\partial y^2}=f(x,y)$	力学や電磁気学などさまざまな分野で、場を記述するのに用いられる
双曲型	波動方程式	$\dfrac{\partial^2 u(x,t)}{\partial t^2}=c\dfrac{\partial^2 u(x,t)}{\partial x^2}$ （cは正の定数）	弦の振動など、時間に依存する波を表現する
放物型	拡散方程式	$\dfrac{\partial u(x,t)}{\partial t}=c\dfrac{\partial^2 u(x,t)}{\partial x^2}$ （cは正の定数）	熱伝導や物質の拡散を表現する

3.2 ラプラスの方程式による場のシミュレーション

3.2.1 ラプラスの方程式の反復解法プログラム

以降では、ラプラスの方程式の境界値問題について、反復法に基づく解法プログラムを示します。例題として、領域Dが長方形の場合と、領域がより複雑な形状の場合を扱います。

すでに3.1節で示したように、領域D上でラプラスの方程式を解くには、$u(x,y)$を離散化した行列u_{ij}について、領域D内部の各点がラプラスの方程式を満足するように繰り返し近似計算を行います。処理の流れを次に示します。

(1)　u_{ij}の初期値を設定する

領域の境界においては、境界条件に基づく値を設定します。領域内部は適当な初期値を設定します。

(2)　以下を適当な終了条件まで繰り返す

(2-1)　u_{ij}から、${u_{ij}}^{(next)}$を計算する

u_{ij}の周囲4点の値の平均値を計算し、求めた平均値を、新しいu_{ij}の値である${u_{ij}}^{(next)}$とします。これを領域Dの内部全体について計算します。

(2-2)　${u_{ij}}^{(next)}$をu_{ij}にコピーする

(3)　計算結果を出力する

上記(1)～(3)の手順を、Python言語のプログラムとして実装します。プログラムでは、あらかじめ領域Dを囲む長方形領域の格子点数を決めておきます。また、u_{ij}の初期値は標準入力から読み込むことにします。

以上の方針で作成したラプラス方程式の解法プログラムlaplace.pyのソースコードを**リスト3.2**に示します。

■リスト3.2　laplace.pyプログラム

```
 1:# -*- coding: utf-8 -*-
 2:"""
 3:laplace.pyプログラム
 4:ラプラス方程式の解法プログラム
 5:反復法によりラプラス方程式を解く
 6:使い方　c:\>python laplace.py
 7:"""
 8:# モジュールのインポート
 9:import math
10:
11:# 定数
12:LIMIT = 1000  # 反復回数の上限
13:N = 101       # x軸方向の分割数
14:M = 101       # y軸方向の分割数
15:
16:# 下請け関数の定義
17:# iteration()関数
```

```
18:def iteration(u):
19:     """1回分の反復計算"""
20:     u_next = [[0 for i in range(N)] for j in range(M)]  # 次ステップのuij
21:     # 次のステップの値を計算
22:     for i in range(1, N - 1):
23:         for j in range(1, M - 1):
24:             u_next[i][j] = (u[i][j - 1] + u[i -1][j] + u[i + 1][j]
25:                             + u[i][j + 1]) / 4
26:
27:     # uijの更新
28:     for i in range(1, N - 1):
29:         for j in range(1, M - 1):
30:             u[i][j] = u_next[i][j]
31:# iteration()関数の終わり
32:
33:# メイン実行部
34:u = [[0 for i in range(N)] for j in range(M)]  # uijの初期化
35:for i in range(M):
36:     u[0][i] = math.sin(2 * math.pi * i / (M - 1))
37:
38:# 反復法の計算
39:for i in range(LIMIT):
40:     iteration(u)
41:
42:print(u)  # 結果の出力
43:# laplace.pyの終わり
```

laplace.pyプログラムは数値を出力するだけなので、このままでは結果を把握することは困難です。そこで、実行結果を理解するためにグラフ化する必要があります。このために、計算結果としてグラフを出力するglaplace.pyプログラムを**リスト3.3**に示します。

■リスト3.3　グラフを出力するglaplace.pyプログラム

```
 1:# -*- coding: utf-8 -*-
 2:"""
 3:glaplace.pyプログラム
 4:ラプラス方程式の解法プログラム
 5:反復法によりラプラス方程式を解く
```

```
 6:結果をグラフ表示する
 7:使い方  c:\>python glaplace.py
 8:"""
 9:# モジュールのインポート
10:import numpy as np
11:import matplotlib.pyplot as plt
12:from mpl_toolkits.mplot3d import Axes3D
13:from matplotlib import cm
14:import math
15:
16:# 定数
17:LIMIT = 1000  # 反復回数の上限
18:N = 101       # x軸方向の分割数
19:M = 101       # y軸方向の分割数
20:
21:# 下請け関数の定義
22:# iteration()関数
23:def iteration(u):
24:    """1回分の反復計算"""
25:    u_next = [[0 for i in range(N)] for j in range(M)]  # 次ステップのuij
26:    # 次のステップの値を計算
27:    for i in range(1, N - 1):
28:        for j in range(1, M - 1):
29:            u_next[i][j] = (u[i][j - 1] + u[i -1][j] + u[i + 1][j]
30:                            + u[i][j + 1]) / 4
31:
32:    # uijの更新
33:    for i in range(1, N - 1):
34:        for j in range(1, M - 1):
35:            u[i][j] = u_next[i][j]
36:# iteration()関数の終わり
37:
38:# メイン実行部
39:u = [[0 for i in range(N)] for j in range(M)]  # uijの初期化
40:for i in range(M):
41:    u[0][i] = math.sin(2 * math.pi * i / (M - 1))
42:
43:# 反復法の計算
44:for i in range(LIMIT):
```

```
45:    iteration(u)
46:
47:print(u)  # 結果の出力
48:
49:# グラフ描画
50:x = np.arange(0, N)
51:y = np.arange(0, M)
52:X, Y = np.meshgrid(x, y)
53:fig = plt.figure()
54:ax = Axes3D(fig)
55:U = np.array(u)
56:# ax.plot_wireframe(X, Y, U)  # wireframe形式
57:ax.plot_surface(X, Y, U, cmap = cm.coolwarm)  # surface形式
58:plt.show()
59:# glaplace.pyの終わり
```

glaplace.pyプログラムの実行例を**図3.10**に示します。図3.10は、境界の3辺を0とし、残りの1辺を三角関数を使って波打たせた境界条件をもとに、glaplace.pyプログラムで内部の様子を計算した結果です。

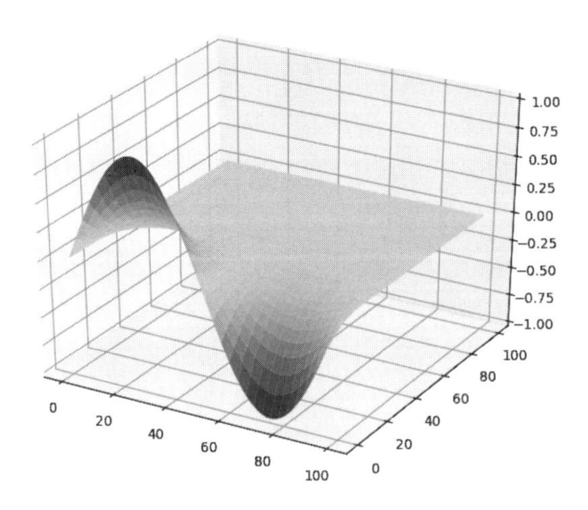

(1) surface形式

■図3.10　glaplace.pyプログラムの実行例

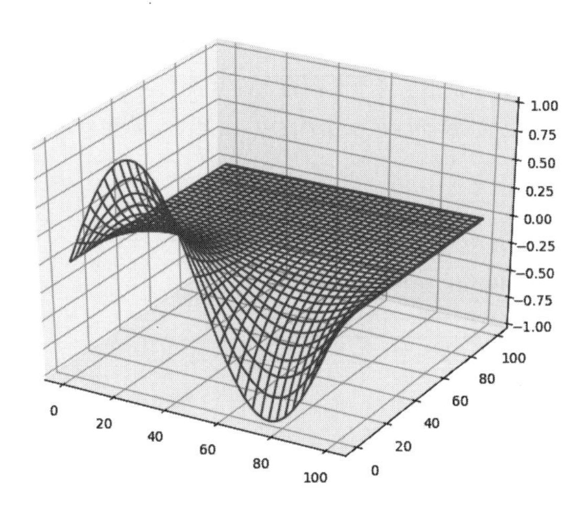

(2) wireframe形式

■図3.10　glaplace.py プログラムの実行例（つづき）

図3.10では、surface形式という表現形式とwireframe形式という表現形式の2通りの方法でグラフを描画しています。これはリスト3.3のソースコードの56行目と57行目のどちらを利用するかによって選択できます。つまり、リスト3.3に示したままのプログラムを実行すると、図3.10(1)のsurface形式によって表示されます。これに対して、図3.10(2)のwireframe形式で表示するには、次のように56行目と57行目の#記号を入れ替えて、56行目を使い57行目をコメントとして設定し直します。

```
56:# ax.plot_wireframe(X, Y, U)  # wireframe形式
57:ax.plot_surface(X, Y, U, cmap = cm.coolwarm)  # surface形式
                      ↓
56:ax.plot_wireframe(X, Y, U)  # wireframe形式
57:# ax.plot_surface(X, Y, U, cmap = cm.coolwarm)  # surface形式
```

#記号を付け替えることで、56行目をコメントアウトしている

以下、laplace.pyプログラム内部の処理を簡単に説明します。まず34行目から始まるメイン実行部では、34行目でリストu[][]をすべて0に初期化しています。次に35行目から36行の目for文により、リストu[][]で囲まれた領域の一辺に、sin関数

の値を初期値として与えています。この結果、計算対象領域Dの初期値すなわち境界条件は、**図3.11**に示すような内容となります。なお、境界条件の計算にsin関数を利用するため、本プログラムではmathモジュールをインポートして利用します。

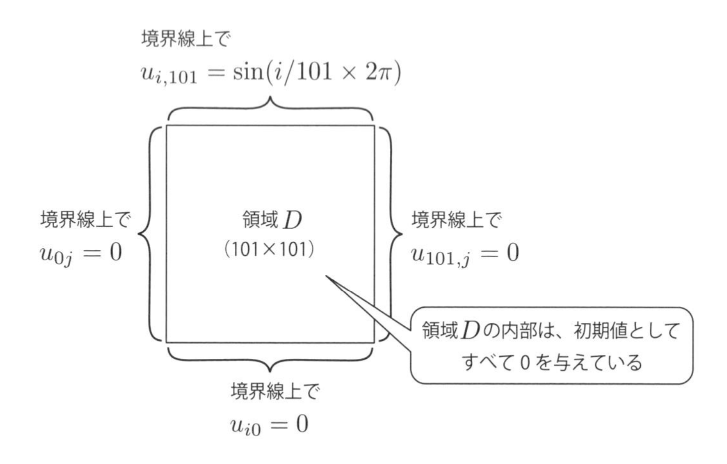

■図3.11　図3.10の計算を行うための境界条件

プログラムの説明を続けます。続く39行目〜40行目のfor文が、反復計算の本体です。40行目では、1回分の反復計算を行う関数iteration()を呼び出し、u[][]の値を更新します。LIMIT回の反復計算が終了したら、42行目のprint()関数によってリストu[][]の内容を出力します。

次に、下請け関数であるiteration()関数を見てみましょう。18行目からのiteration()関数では、反復1回分の計算を行います。22行目および23行目の二重のfor文により、リストu[][]の内部全体にわたって24行目〜25行目の代入文を適用します。結果は、リストu_next[][]に代入します。すべての計算が終わったら、u_next[][]をu[][]に改めて代入することで、リストu[][]の値を更新します（28行目〜30行目）。

境界条件の設定を変更して、laplace.pyプログラムを実行してみましょう。**図3.12**は、図3.11の設定に加えて、下辺の境界条件をcos関数により設定した場合の例です。図3.12のような計算結果を得るためには、laplace.pyプログラムの37行目（glaplace.pyプログラムでは42行目）に次の代入文を追加します。

```
35:for i in range(M):
36:    u[0][i] = math.sin(2 * math.pi * i / (M - 1))
37:
```

↓

```
35:for i in range(M):
36:    u[0][i] = math.sin(2 * math.pi * i / (M - 1))
37:    u[M - 1][i] = math.cos(2 * math.pi * i / (M - 1))
```

境界線上で
$u_{i,101} = \sin(i/101 \times 2\pi)$

境界線上で
$u_{0j} = 0$

領域 D
(101×101)

境界線上で
$u_{101,j} = 0$

領域 D の内部は、初期値として
すべて 0 を与えている

境界線上で
$u_{i0} = \cos(i/101 \times 2\pi)$

(1) 境界条件

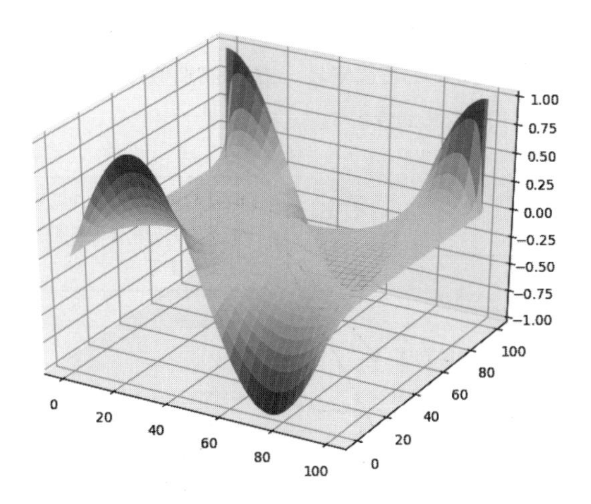

(2) 計算結果

■図 3.12 異なる境界条件に基づく計算結果

3.2.2　より複雑な形状の領域の場合

laplace.pyプログラムでは、正方形領域について計算を行いました。プログラムを改造すると、より複雑な領域についての計算が可能です。

たとえば、**図3.13**に示すような形状の領域$D2$を考えます。領域$D2$は、上下左右1/4の部分が欠けています。

■図3.13　より複雑な形状の領域の例（上下左右1/4の部分が欠けている）

領域$D2$の計算を行うには、laplace.pyプログラムのiteration()関数内で、u_{ij}の値の計算を行っている27行目～30行目を変更します。

laplace.pyプログラムでは、27行目と28行目のfor文により、長方形領域を計算するように指定しています。これに対して図3.13のような領域を計算するには、たとえば領域$D2$を**図3.14**のように上下に3つに分割し、それぞれの分割領域を別個のfor文で処理するようにプログラムを追加します。また、リストu[][]は領域$D2$全体を含む長方形として設定し、u[][]の初期値については、領域外は適当な値（たとえば0）を代入しておきます。

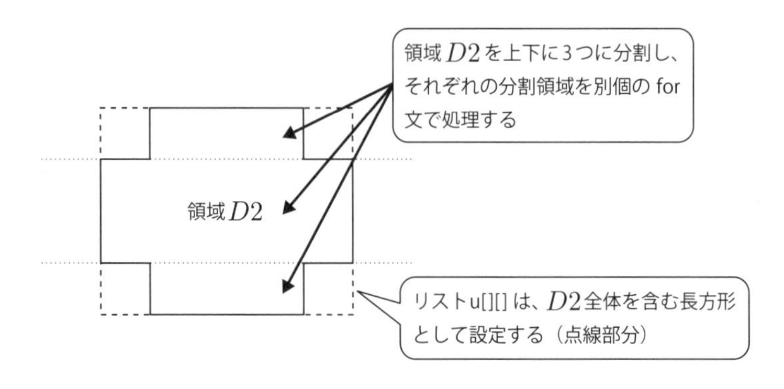

■図3.14　領域の分割とリストu[][]の設定

図3.13の領域$D2$に対応する処理プログラムであるglaplace2.pyを**リスト3.4**に示します。

■リスト3.4　glaplace2.py プログラム

```
 1:# -*- coding: utf-8 -*-
 2:"""
 3:glaplace2.pyプログラム
 4:ラプラス方程式の解法プログラムその2
 5:境界条件として領域D2を対象とする
 6:反復法によりラプラス方程式を解く
 7:結果をグラフ表示する
 8:使い方　c:\>python glaplace2.py
 9:"""
10:# モジュールのインポート
11:import numpy as np
12:import matplotlib.pyplot as plt
13:from mpl_toolkits.mplot3d import Axes3D
14:from matplotlib import cm
15:import math
16:
17:# 定数
18:LIMIT = 1000  # 反復回数の上限
19:N = 101       # x軸方向の分割数
20:M = 101       # y軸方向の分割数
21:
22:# 下請け関数の定義
23:# iteration()関数
24:def iteration(u):
25:    """
26:    1回分の反復計算
27:    D2領域の計算用
28:    """
29:    u_next = [[0 for i in range(N)] for j in range(M)]  # 次ステップのuij
30:    # 次のステップの値を計算
31:    # 下1/4の計算
32:    for i in range(int(N / 4), int((N - 1) * 3 / 4)):
33:        for j in range(1, int((M - 1) / 4)):
34:            u_next[i][j] = (u[i][j - 1] + u[i - 1][j] + u[i + 1][j]
35:                            + u[i][j + 1]) / 4
```

```
36:     # 中央1/2の計算
37:     for i in range(1, N - 1):
38:         for j in range(int((M - 1) / 4), int((M - 1) * 3 / 4)):
39:             u_next[i][j] = (u[i][j - 1] + u[i - 1][j] + u[i + 1][j]
40:                             + u[i][j + 1]) / 4
41:     # 上1/4の計算
42:     for i in range(int(N / 4), int((N - 1) * 3 / 4)):
43:         for j in range(int((M - 1) * 3 / 4), M - 1):
44:             u_next[i][j] = (u[i][j - 1] + u[i - 1][j] + u[i + 1][j]
45:                             + u[i][j + 1]) / 4
46:
47:     # uijの更新
48:     for i in range(1, N - 1):
49:         for j in range(1, M - 1):
50:             u[i][j] = u_next[i][j]
51:# iteration()関数の終わり
52:
53:#メイン実行部
54:u = [[0 for i in range(N)] for j in range(M)]  # uijの初期化
55:for i in range(M):
56:    u[0][i] = math.sin(2 * math.pi * i / (M - 1))
57:
58:# 反復法の計算
59:for i in range(LIMIT):
60:    iteration(u)
61:
62:print(u)  # 結果の出力
63:
64:# グラフ描画
65:x = np.arange(0, N)
66:y = np.arange(0, M)
67:X,Y = np.meshgrid(x, y)
68:fig = plt.figure()
69:ax = Axes3D(fig)
70:U = np.array(u)
71:# ax.plot_wireframe(X, Y, U)  # wireframe形式
72:ax.plot_surface(X, Y, U, cmap = cm.coolwarm)  # surface形式
73:plt.show()
74:# glaplace2.pyの終わり
```

glaplace2.pyプログラムの実行結果を**図3.15**に示します。

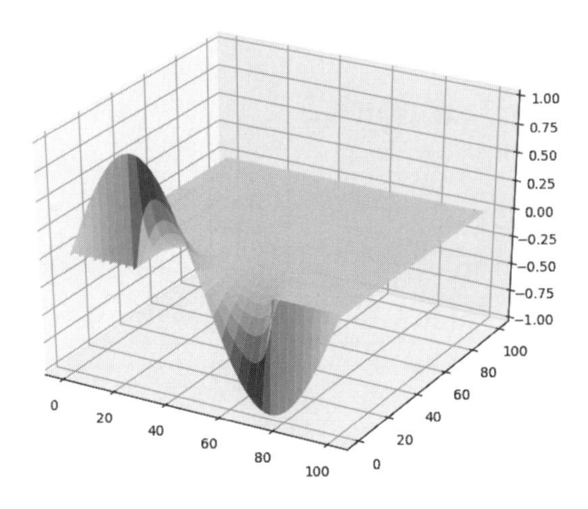

■図3.15　glaplace2.py プログラムの実行結果

3.3 Pythonモジュールの活用

これまで紹介したプログラムでは、繰り返し処理を用いて行列計算を記述しました。アルゴリズムを理解するためにはこうした記述方法を理解する必要がありますが、Pythonには簡単に行列計算を行うモジュールも用意されています。

たとえば、gauss.pyプログラムのように連立方程式を解くプログラムは、numpyモジュールを使うと**リスト3.5**のように記述できます。リスト3.5のnumpygauss.pyプログラムでは、係数行列aと方程式の右辺を表すbに値を設定した後は、19行目に示した次の1行のみで連立方程式を解いています。

```
19:x = np.linalg.solve(a, b)  # 方程式を解く
```

このように、Pythonのnumpyモジュールを用いると、行列関連の計算を極めて簡潔に表現することが可能です。

■リスト 3.5　numpy モジュールを使った連立方程式解法プログラム：numpygauss.py プログラム

```
 1:# -*- coding: utf-8 -*-
 2:"""
 3:numpygauss.pyプログラム
 4:NumPyを用いた連立方程式の解法プログラム
 5:使い方  c:\>python numpygauss.py
 6:"""
 7:# モジュールのインポート
 8:import numpy as np
 9:
10:# グローバル変数
11:a = np.array([[4, -1, 0, -1, 0, 0, 0, 0, 0], [-1, 4, -1, 0, -1, 0, 0, 0, 0],
12:    [0, -1, 4, 0, 0, -1, 0, 0, 0, ], [-1, 0, 0, 4, -1, 0, -1, 0, 0],
13:    [0, -1, 0, -1, 4, -1, 0, -1, 0], [0, 0, -1, 0, -1, 4, 0, 0, -1],
14:    [0, 0, 0, -1, 0, 0, 4, -1, 0], [0, 0, 0, 0, -1, 0, -1, 4, -1],
15:    [0, 0, 0, 0, 0, -1, 0, -1, 4]])  # 係数行列
16:b = np.array([0, 0, 0.25, 0, 0, 0.5, 0.25, 0.5, 1.5])  # 方程式右辺
17:
18:# メイン実行部
19:x = np.linalg.solve(a, b)  # 方程式を解く
20:print(x)  # 結果の出力
21:# numpygauss.pyの終わり
```

numpygauss.py プログラムの実行例を**実行例 3.2** に示します。

■実行例 3.2　numpygauss.py プログラムの実行例

```
C:\Users\odaka\Documents\ch3>python numpygauss.py
[ 0.0625  0.125   0.1875  0.125   0.25    0.375   0.1875  0.375   0.5625]

C:\Users\odaka\Documents\ch3>
```

章末問題

(1) 3.2節では、ラプラスの方程式の数値解法について示しました。ラプラスの方程式をより一般化したポアソンの方程式（本文の式(5)）も、同様の方法で計算できます。ラプラスの方程式を離散化すると、u_{ij}の値は隣接4点の平均値で表されました。ポアソンの方程式では、次の形でu_{ij}の値を計算するこ

とができます。ただしhは空間の刻み幅であり、$f(x, y)$はポアソンの方程式の右辺に出現する既知の関数です。

$$u_{ij} = \frac{u_{i,j-1} + u_{i-1,j} + u_{i+1,j} + u_{i,j+1} - h^2 f(x, y)}{4} \tag{22}$$

上記の式(22)を用いて、電荷の存在する2次元平面の電位分布など、ポアソンの方程式で表される物理現象をシミュレートしてみてください。またその結果をグラフとして表示し、第2章の章末問題「ハイパー☆カーリング」ゲームの背景としてください。

(2) 3.2節で示した反復法によるラプラス方程式の解法プログラムlaplace.pyは、とても並列性の高いプログラムです。つまり、u_{ij}の周囲4点の値の平均を求める際には、領域D内部のすべての点の計算を同時に行うことが可能です。したがって、マルチコアのCPUを使えば、この計算部分については、原理的にはほぼコア数に比例した高速化が可能です。Pythonには並列処理の機能が用意されていますから、ぜひlaplace.pyプログラムの並列化を試みてください。

(3) ポアソン方程式に代表される楕円型だけでなく、表3.1に示した双曲型や放物型の偏微分方程式を、数値的に解いてみてください。拡散方程式については、表に示した1次元のものだけでなく、2次元の方程式を解き、時間経過をグラフ化すると興味深いでしょう。

第4章

セルオートマトンを使ったシミュレーション

本章では、セルオートマトンを用いたシミュレーションについて取り上げます。例題として、セルオートマトンの平易な応用例であり生物コロニーのシミュレーションとしての意味がある、ライフゲームを取り上げます。また、セルオートマトンによる現実世界のシミュレーションの例として、セルオートマトンによる自動車の交通流のシミュレーションの原理を示します。

4.1 セルオートマトンの原理

4.1.1 セルオートマトンとは

セルオートマトン（cellular automaton）は、内部状態を持ったセルが他のセルとの相互作用によって時間的に変化していくというモデルです（**図4.1**）。ここでいう相互作用とは、セル同士の情報交換による内部状態の更新を意味します。

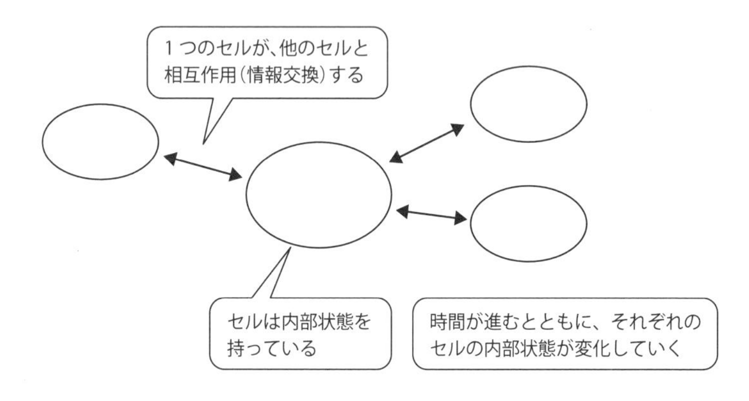

■図4.1　セルオートマトンのモデル

セルオートマトンの世界には、複数のセルが存在します。それぞれのセルは独立しており、個別の内部状態を持っています。内部状態とはセルの持っている記憶のようなものです。状態の種類は何種類でもかまいませんが、意味のある動作をさせるためには、最低でも2種類の状態が必要です。以降では、状態0と状態1からなる2種類の状態を持つセルを中心に扱います。

セル同士は、あらかじめ決まった条件のもとで、互いに情報を交換できます。たとえば2次元平面上に格子状に配置されたセルでは、平面状のセル同士が内部状態を互いに知ることができる、という条件設定が可能です。このようなモデルを**2次元セルオートマトン**と呼びます。

図4.2はその一例です。図4.2において、中央の灰色で示したセルは、上下左右の4つのセルと情報交換します。もちろん、もっと広い範囲で情報交換を行うような複雑な条件設定も可能です。たとえば図4.2で、上下左右の他に、斜めに隣接するセルや、隣の隣に位置するセルと情報交換するモデルも考えることができます。

しかしここでは、主として隣接するセルが情報交換するモデルを考えます。

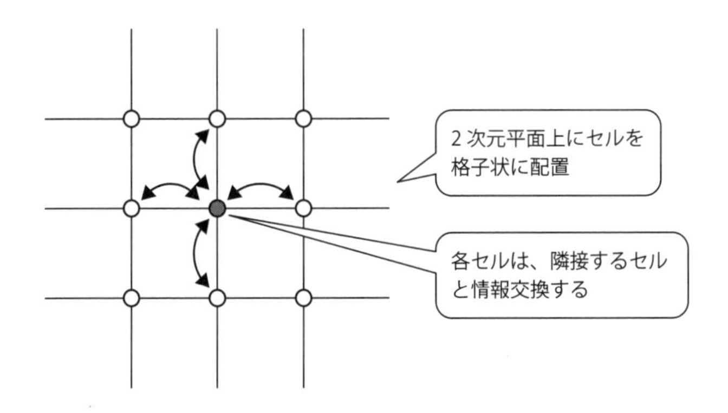

■図4.2　2次元セルオートマトンの例

セルオートマトンの世界には、時間の概念が存在します。セルの状態は、時刻とともに変化します。通常、セルオートマトンの世界に含まれるすべてのセルは、あるタイミングでいっせいに状態を更新します。つまり、セルオートマトンの世界では、時刻tは$t = 0, 1, 2, \cdots$と離散的に変化します。

ある時刻$t = t_k$において、**図4.3**のセルc_{ij}の状態を${a_{ij}}^{tk}$とします。このとき、次の時刻t_{k+1}におけるセルc_{ij}の状態${a_{ij}}^{tk+1}$は、${a_{ij}}^{tk}$および他のセルの時刻t_kにおける状態によって決定されます。どのように決定するのかは、セルオートマトンの世界の設計者が任意に決めることができます。図4.3では一例として、${a_{ij}}^{tk}$および$t = t_k$における周囲の4つのセルの状態${a_{i,j-1}}^{tk}$、${a_{i-1,j}}^{tk}$、${a_{i+1,j}}^{tk}$、${a_{i,j+1}}^{tk}$で決定するとしています。図では、この方法を関数fとして表しています。この関数をルールと呼びます。

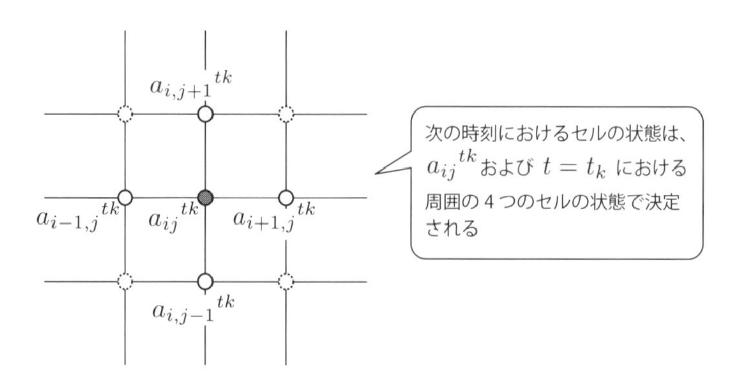

(1) 時刻$t = t_k$

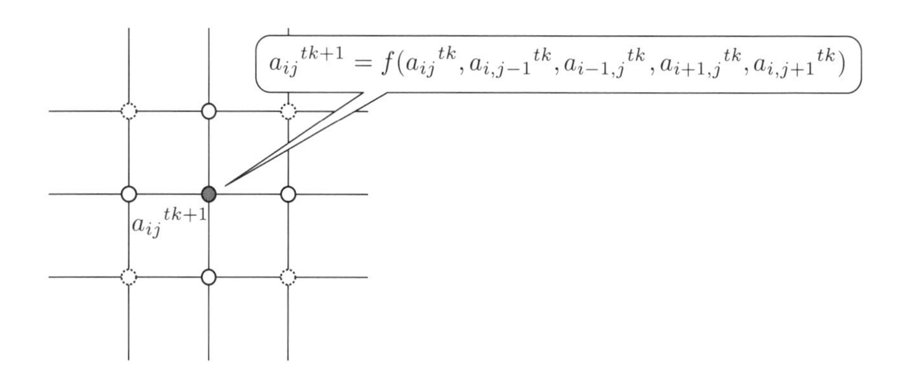

(2) 時刻$t = t_{k+1}$

■図4.3　セルオートマトンの世界の時間発展

さて、ルールによってセルオートマトンの世界がどのように変化を遂げるのかを考えてみましょう。初めに、取り扱いが容易な**1次元セルオートマトン**の世界で考えます。

1次元のセルオートマトンの世界は、**図4.4**に示すように、セルが1次元に配置された世界です。ここでは、セルの状態は0と1の2通りとし、セルは隣接する両隣のセルと相互作用することにします。

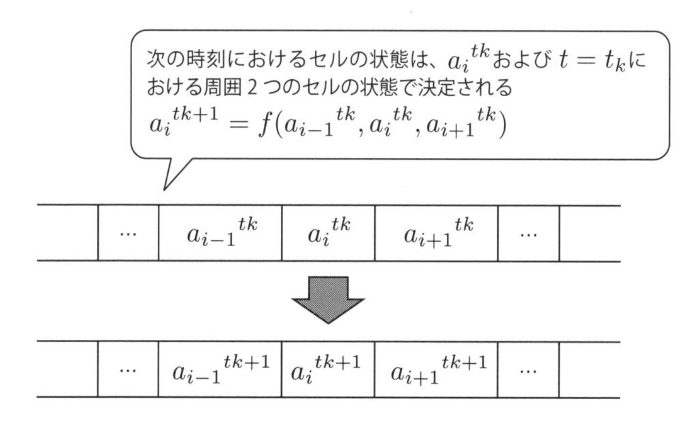

■図4.4 1次元のセルオートマトンの世界

セルの状態は、隣接3セルの一時刻前の状態で決定されますが、決定のためのルールが必要です。隣接3セルの一時刻前の状態には、3セルすべてが0の場合から、3セルすべてが1の場合までの8通りの場合があります。そこで、この8通りの場合に対してa_i^{tk+1}を決めてやれば、ルールができあがります。8通りのそれぞれの場合に対して2通りの選択が可能ですから、ルールの総数は$2^8 = 256$通りとなります。**表4.1**に、ルールの例を4種類示します。

■表4.1 1次元セルオートマトンのルールの例

(1) ルール0

$a_{i-1}^{tk}, a_i^{tk}, a_{i+1}^{tk}$	111	110	101	100	011	010	001	000
a_i^{tk+1}	0	0	0	0	0	0	0	0

(2) ルール2

$a_{i-1}^{tk}, a_i^{tk}, a_{i+1}^{tk}$	111	110	101	100	011	010	001	000
a_i^{tk+1}	0	0	0	0	0	0	1	0

(3) ルール18

$a_{i-1}^{tk}, a_i^{tk}, a_{i+1}^{tk}$	111	110	101	100	011	010	001	000
a_i^{tk+1}	0	0	0	1	0	0	1	0

(4) ルール30

$a_{i-1}^{tk}, a_i^{tk}, a_{i+1}^{tk}$	111	110	101	100	011	010	001	000
a_i^{tk+1}	0	0	0	1	1	1	1	0

表4.1で、1行目の3桁の数字は、時刻t_kにおける注目セルの状態${a_i}^{tk}$と、その両隣である${a_{i-1}}^{tk}, {a_{i+1}}^{tk}$の状態を並べて書いたものです。たとえば最も右の列の000は、これら3つのセルの状態がすべて0であることを表します。2行目は、1行目の状態に対して次の時刻t_{k+1}で注目セルの状態${a_i}^{tk+1}$がどうなるかを表しています。たとえばルール2で右から2番目の列001に対しては、次の時刻では1となることがわかります（**図4.5**）。

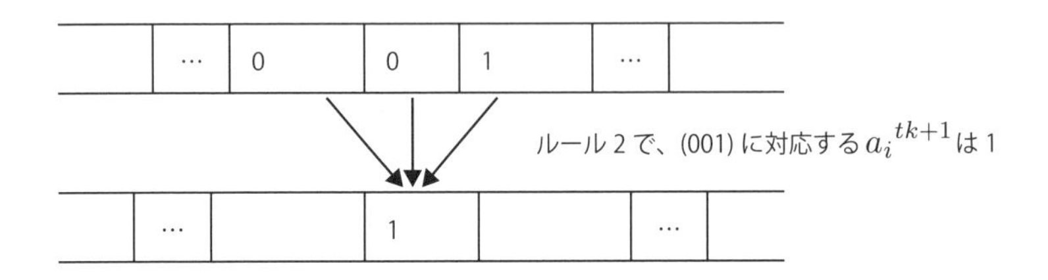

■図 4.5　ルール 2 に基づく状態遷移の例

ルールの名称は、${a_i}^{tk+1}$の並びを8桁の2進数として読んだときの10進数表現で与えます。たとえば(3)のルール18は、${a_i}^{tk+1}$の並びが次のようになっています。

00010010

そこで、これを8桁の2進数と考えて、

$$(00010010)_2 \quad \rightarrow \quad 2^4 + 2^1 = 18$$

とし、名称を「ルール18」と呼びます。

さて、1次元セルオートマトンがどのように時間発展を遂げるのかを手作業で追いかけてみましょう。今、8つのセルが並んだ1次元セルオートマトンを考えます。また、ルールとしてルール2を取り上げ、初期状態として**図4.6**を仮定します。

c_0	c_1	c_2	c_3	c_4	c_5	c_6	c_7
0	0	0	0	1	0	0	0

■図 4.6　1 次元セルオートマトンの初期状態（$t = t_0$）

次の時刻を考えるためには、**図4.7**のように各セルにルールを適用します。c_0とc_7については、ルールを適用するための隣接セルが存在しませんが、ここではc_0の左側とc_7の右側の状態は常に0であるとして計算することにします。すると、時刻t_0で001が適用される$a_3{}^{t0}$だけが、時刻t_0において状態1となります。

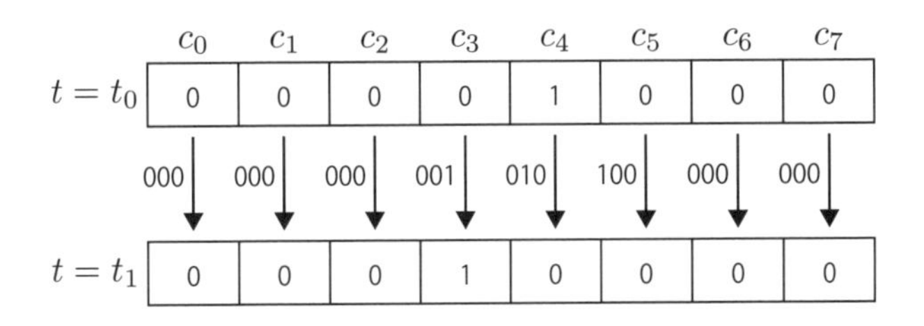

■図4.7　図4.6の初期状態t_0から、ルール2により、次の状態t_1を求める

以下同様に計算を進めると、**図4.8**のような結果を得ます。時刻が進むにつれ、状態1の位置が左にシフトしていき、最後は全体が0となります。

$t = t_0$	0	0	0	0	1	0	0	0
$t = t_1$	0	0	0	1	0	0	0	0
$t = t_2$	0	0	1	0	0	0	0	0
$t = t_3$	0	1	0	0	0	0	0	0
$t = t_4$	1	0	0	0	0	0	0	0
$t = t_5$	0	0	0	0	0	0	0	0

…

■図4.8　1次元セルオートマトンのルール2による時間発展

同様に、今度はルール30を適用してみましょう（**図4.9**）。今度は各セルの状態が複雑に変化し、簡単にはその行く末を予想することはできません。このように、セルオートマトンはルールの違いによって、さまざまな挙動を示します。

$t = t_0$	0	0	0	0	1	0	0	0
$t = t_1$	0	0	0	1	1	1	0	0
$t = t_2$	0	0	1	1	0	0	1	0
$t = t_3$	0	1	1	0	1	1	1	1
$t = t_4$	1	1	0	0	1	0	0	0
$t = t_5$	1	0	1	1	1	1	0	0

…

■図4.9　1次元セルオートマトンのルール30による時間発展

4.1.2　セルオートマトンの計算プログラム

セルオートマトンの状態遷移の計算を、Python言語のプログラムで行う方法を考えます。

まず、1次元セルオートマトンの表現には、リストを用いることにします。具体的には、次のようにN個の要素からなるリストca[]を用意します。

```
70:ca = [0 for i in range(N)]  # セルの並び
```

次に更新のルール表ですが、これも素直にリストで表現します。8個の要素からなるリストrule[]を用い、rule[]には、プログラムの実行時に指定されるルール番号に従って初期値を設定します。たとえばルール2（00000010）であれば、rule[1]のみが1となり、後の要素はすべて0となります。同様に、ルール18（00010010）であれば、rule[4]とrule[1]が1となり、後は0とします。

```
62:rule = [0 for i in range(R)]  # ルール表の作成
```

ルール表を使ったセルオートマトンの更新は、次のように行います。ca[]のi番目のセルを更新する場合には、ca[i - 1], ca[i]およびca[i + 1]の値を用いて、rule[]の添字を決定するための次の計算を行います。

```
ca[i + 1] * 4 + ca[i] * 2 + ca[i - 1]
```

この計算は、ルール表rule[]の、何番目の要素を参照するかを決めるための計算です。たとえばca[i - 1], ca[i]およびca[i + 1]の値がすべて0なら、この計算の値は0となります。そこで、rule[]リストの0番目を見れば、次の時刻のca[i]を決定できます。同様に、たとえばca[i - 1], ca[i]およびca[i + 1]の値がそれぞれ1, 0, 1ならば、上記計算の値は5となり、rule[]の5番目の要素の値が次の時刻のca[i]の値となります。このことから、次の時刻のca[i]の値は、次式で求まります。

```
rule[ca[i + 1] * 4 + ca[i] * 2 + ca[i - 1]]
```

以上の基本方針に基づいて作成した1次元セルオートマトンのシミュレーションプログラムca1.pyを**リスト4.1**に示します。また実行例を**実行例4.1**に示します。

■リスト4.1　1次元セルオートマトンのシミュレーション：ca1.pyプログラム

```
 1:# -*- coding: utf-8 -*-
 2:"""
 3:ca1.pyプログラム
 4:セルオートマトン（1次元）計算プログラム
 5:ルールと初期状態から、時間発展を計算する
 6:使い方　c:\>python ca1.py
 7:"""
 8:# モジュールのインポート
 9:import sys  # sys.exit()の利用に必要
10:
11:# 定数
12:N = 65      # セルの最大個数
13:R = 8       # ルール表の大きさ
14:MAXT = 50   # 繰り返しの回数
15:
16:# 下請け関数の定義
17:# setrule()関数
18:def setrule(rule,ruleno):
19:    """ルール表の初期化"""
20:    # ルール表の書き込み
21:    for i in range(0, R):
22:        rule[i] = ruleno % 2
23:        ruleno = ruleno // 2  # 左シフト
24:    # ルールの出力
```

```
25:    for i in range(R - 1, -1, -1):
26:        print(rule[i])
27:# setrule()関数の終わり
28:
29:# initca()関数
30:def initca(ca):
31:    """セルオートマトンへの初期値の読み込み"""
32:    # 初期値を読み込む
33:    line = input("caの初期値を入力してください:")
34:    print()
35:    #内部表現への変換
36:    for no in range(len(line)):
37:        ca[no] = int(line[no])
38:# initca()関数の終わり
39:
40:# putca()関数
41:def putca(ca):
42:    """caの状態の出力"""
43:    for no in range(N - 1, -1, -1):
44:        print("{:1d}".format(ca[no]), end="")
45:    print()
46:# putca()関数の終わり
47:
48:# nextt()関数
49:def nextt(ca,rule):
50:    """caの状態の更新"""
51:    nextca = [0 for i in range(N)]  # 次世代のca
52:    # ルールの適用
53:    for i in range(1, N - 1):
54:        nextca[i] = rule[ca[i + 1] * 4 + ca[i] * 2 + ca[i - 1]]
55:    # caの更新
56:    for i in range(N):
57:        ca[i] = nextca[i]
58:# nextt()関数の終わり
59:
60:# メイン実行部
61:# ルール表の初期化
62:rule = [0 for i in range(R)]  # ルール表の作成
63:ruleno = int(input("ルール番号を入力してください:"))
```

```
64:print()
65:if ruleno < 0 or ruleno > 255:
66:        print("ルール番号が正しくありません(", ruleno, ")")
67:        sys.exit()
68:setrule(rule, ruleno)  # ルール表をセット
69:# セルオートマトンへの初期値の読み込み
70:ca = [0 for i in range(N)]  # セルの並び
71:initca(ca)  # 初期値読み込み
72:putca(ca)   # caの状態の出力
73:# 時間発展の計算
74:for t in range(MAXT):
75:    nextt(ca, rule)  # 次の時刻に更新
76:    putca(ca)        # caの状態の出力
77:# ca1.pyの終わり
```

■実行例 4.1　ca1.py プログラムの実行例（紙面の都合上、結果出力の右端 5 文字分の 0 を省略してある）

```
C:\Users\odaka\Documents\ch4>python ca1.py
ルール番号を入力してください:2

0
0
0
0
0
0
1
0
caの初期値を入力してください:0000000000000000000000000000000001

0000000000000000000000000010000000000000000000000000000000
0000000000000000000000000100000000000000000000000000000000
0000000000000000000000001000000000000000000000000000000000
0000000000000000000000010000000000000000000000000000000000
0000000000000000000000100000000000000000000000000000000000
0000000000000000000001000000000000000000000000000000000000
0000000000000000000010000000000000000000000000000000000000
0000000000000000000100000000000000000000000000000000000000
    （以下、同様に出力が続く）
```

ルール2に対して、図4.8と同様の結果が出力される

```
C:\Users\odaka\Documents\ch4>python ca1.py
ルール番号を入力してください:30

0
0
0
1
1
1
1
0
caの初期値を入力してください:0000000000000000000000000000000001
```

ルール30に対して、図4.9と同様の
結果が出力される

```
000000000000000000000000000000010000000000000000000000000000
000000000000000000000000000000111000000000000000000000000000
000000000000000000000000000001100100000000000000000000000000
000000000000000000000000000011011110000000000000000000000000
000000000000000000000000000110010001000000000000000000000000
000000000000000000000000001101111011100000000000000000000000
000000000000000000000000011001000010010000000000000000000000
000000000000000000000000110111100111111000000000000000000000
000000000000000000000001100100011100000100000000000000000000
000000000000000000000011011110110010001110000000000000000000
000000000000000000000110010000101111011001000000000000000000
000000000000000000001101111001101000010111100000000000000000
000000000000000000011001000111001100110100010000000000000000
000000000000000000110111101100111011100110111000000000000000
000000000000000001100100001011100010011100100100000000000000
000000000000000011011110011010010111110011111110000000000000
　（以下、同様に出力が続く）
```

実行例4.1にあるように、ca1.pyプログラムは、初めにルール番号を指定し、次にセルオートマトンの初期状態を入力します。実行例4.1の実行例では、ルール2とルール30に対する状態の遷移を計算しています。

ca1.pyプログラムの内部を簡単に説明します。ca1.pyプログラムは、62行目からのメイン実行部の他、**表4.2**に示す4つの下請け関数から構成されています。

■表4.2　ca1.pyプログラムを構成する下請け関数

名称	説明
setrule(rule, ruleno)	ルール表の初期化
initca(ca)	初期値の読み込み
putca(ca)	caの状態の出力
nextt(ca, rule)	次の時刻に更新

62行目からのメイン実行部では、最初にsetrule()関数を用いて、入力されたルール番号により、ルール表を格納するリストrule[]を初期化します（68行目）。次にinitca()関数を用いてセルオートマトンの初期状態を設定します（71行目）。その後、74行目～76行目のfor文により、定数MAXTで決められた回数だけ状態更新を行います。実際の作業はnextt()関数を用いて行い、更新の都度putca()関数を用いてセルオートマトンの状態を標準出力に出力します。

次に、メイン実行部から呼び出される、下請けの関数について説明します。まず、ルールを初期化するsetrule()関数を見てみましょう。

setrule()関数内では、21行目のfor文により、ルール番号に基づいてリストrule[]に0または1の値を格納します。このfor文では、ルール番号を2進数として見たときの1の位の値を取り出し、rule[]に書き込むことを繰り返します。setrule()関数内では最後に、確認のためにルールを出力します。

30行目から始まるinitca()関数では、リストca[]の初期値を標準入力から読み取ります。読み取りは33行目で1行まとめて行い、その後で、36行目のfor文により左詰めでca[]に値を書き込みます。

セルオートマトンの状態更新を行うnextt()関数は、49行から始まります。処理は非常に単純で、次世代のセルオートマトンの世界を格納するリストnextca[]に、先に説明した方法に従って次の時刻のセルの値を格納します。計算は53行目のfor文で行い、ひととおり計算し終えたら、56行目のfor文により、計算結果をca[]リストに書き戻します。

最後になりますが、41行目から始まるputca()関数は、セルオートマトンの状態を出力するための関数です。

ca1.pyプログラムでは、計算結果をテキスト（文字）で出力します。このままでは規模の大きな出力を見やすく表示するのは困難です。そこで、Pythonのモジュールであるmatplotlibを用いて結果を可視化してみましょう。**リスト4.2**に、ca1.pyプログラムにグラフ出力の機能を加えたプログラムであるgca1.pyを示します。

■リスト4.2　gca1.py プログラム

```
 1:# -*- coding: utf-8 -*-
 2:"""
 3:gca1.pyプログラム
 4:セルオートマトン（1次元）計算プログラム
 5:ルールと初期状態から、時間発展を計算する
 6:結果をグラフ描画する
 7:使い方　c:\>python gca1.py
 8:"""
 9:# モジュールのインポート
10:import sys  # sys.exit()の利用に必要
11:import numpy as np
12:import matplotlib.pyplot as plt
13:
14:# 定数
15:N = 256      # セルの最大個数
16:R = 8        # ルール表の大きさ
17:MAXT = 256  # 繰り返しの回数
18:
19:# 下請け関数の定義
20:# setrule()関数
21:def setrule(rule,ruleno):
22:    """ルール表の初期化"""
23:    # ルール表の書き込み
24:    for i in range(0, R):
25:        rule[i] = ruleno % 2
26:        ruleno = ruleno // 2  # 左シフト
27:    # ルールの出力
28:    for i in range(R - 1, -1, -1):
29:        print(rule[i])
30:# setrule()関数の終わり
31:
32:# initca()関数
33:def initca(ca):
34:    """セルオートマトンへの初期値の読み込み"""
```

```
35:    # 初期値を読み込む
36:    line = input("caの初期値を入力してください:")
37:    print()
38:    #内部表現への変換
39:    for no in range(len(line)):
40:        ca[no] = int(line[no])
41:# initca()関数の終わり
42:
43:# putca()関数
44:def putca(ca):
45:    """caの状態の出力"""
46:    for no in range(N - 1, -1, -1):
47:        print("{:1d}".format(ca[no]), end="")
48:    print()
49:# putca()関数の終わり
50:
51:# nextt()関数
52:def nextt(ca,rule):
53:    """caの状態の更新"""
54:    nextca = [0 for i in range(N)]  # 次世代のca
55:    # ルールの適用
56:    for i in range(1, N - 1):
57:        nextca[i] = rule[ca[i + 1] * 4 + ca[i] * 2 + ca[i - 1]]
58:    # caの更新
59:    for i in range(N):
60:        ca[i] = nextca[i]
61:# nextt()関数の終わり
62:
63:# メイン実行部
64:outputdata = [[0 for i in range(N)] for j in range(MAXT + 1)]
65:# ルール表の初期化
66:rule = [0 for i in range(R)]  # ルール表の作成
67:ruleno = int(input("ルール番号を入力してください:"))
68:if ruleno < 0 or ruleno > 255:
69:        print("ルール番号が正しくありません(", ruleno, ")")
70:        sys.exit()
71:setrule(rule, ruleno)  # ルール表をセット
72:# セルオートマトンへの初期値の読み込み
73:ca = [0 for i in range(N)]  # セルの並び
```

```
74:initca(ca)   # 初期値読み込み
75:putca(ca)    # caの状態の出力
76:for i in range(N):
77:    outputdata[0][i] = ca[i]
78:# 時間発展の計算
79:for t in range(MAXT):
80:    nextt(ca, rule)  # 次の時刻に更新
81:    putca(ca)        # caの状態の出力
82:    for i in range(N):
83:        outputdata[t + 1][i] = ca[i]
84:# グラフ出力
85:plt.imshow(outputdata)
86:plt.show()
87:# gca1.pyの終わり
```

gcal.pyプログラムのグラフ出力結果例を**図4.10**に示します。図4.10では、セル数を256とし、ルール18に基づいて$t = 256$まで計算を繰り返した結果を示しています。

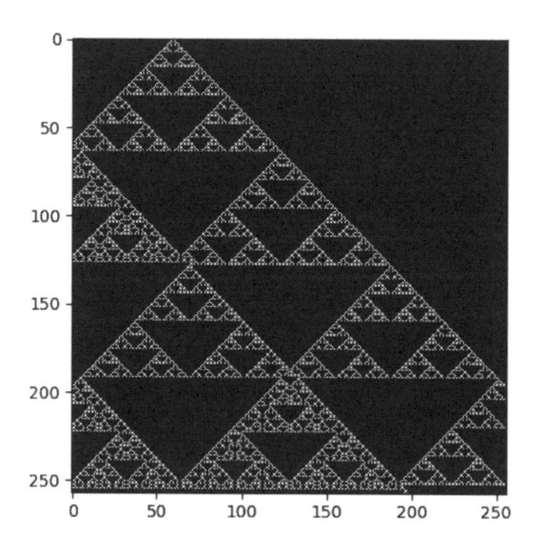

■図4.10　gca1.pyプログラムの実行例（ルール18）

4.2 ライフゲーム

本節では、2次元セルオートマトンの一種であるライフゲームを取り上げます。ライフゲームは、生物コロニーのシミュレーションと解釈することが可能な、興味深いセルオートマトンです。

4.2.1 ライフゲームとは

ライフゲーム（life game）は次のようなルールによって規定された2次元セルオートマトンです。ただし、セルの状態は0または1の2状態のいずれかをとります。

ライフゲームのルール

①時刻t_kにおいて、セルc_{ij}の周囲8セルの状態の総和${s_{ij}}^{tk}$が3ならば、次の時刻t_{k+1}におけるセルc_{ij}の状態${a_{ij}}^{tk+1}$は1
②時刻t_kにおいて、セルc_{ij}の周囲8セルの状態の総和${s_{ij}}^{tk}$が2ならば、次の時刻t_{k+1}におけるセルc_{ij}の状態${a_{ij}}^{tk+1}$は変化なし（${a_{ij}}^{tk} = {a_{ij}}^{tk+1}$）
③上記以外の場合、次の時刻t_{k+1}におけるセルc_{ij}の状態${a_{ij}}^{tk+1}$は0

上記のルールを、例を用いて説明します。たとえばある時刻t_kにおいて、**図4.11**のように、セルc_{ij}の周囲8マスに、状態1のセルが合計3つあったとします。この場合、上記①のルールにより、次の時刻t_{k+1}におけるセルc_{ij}の状態は1となります。ルール1は時刻t_kにおけるセルc_{ij}の状態${a_{ij}}^{tk}$にかかわらず適用されます。したがって、${a_{ij}}^{tk} = 0$ならば、次の時刻でセルc_{ij}が1に書き換えられます。もともと${a_{ij}}^{tk} = 1$ならば、次の時刻でセルの状態に変化はありません。

セルの状態が1であることを、生物が存在することに例えるならば、図4.11の例は、生物の誕生あるいは存続を意味すると解釈することができます。この解釈では、ルール①は、周囲の環境が適切である場合に、生物が増殖することをシミュレートしているとみなすことができます。

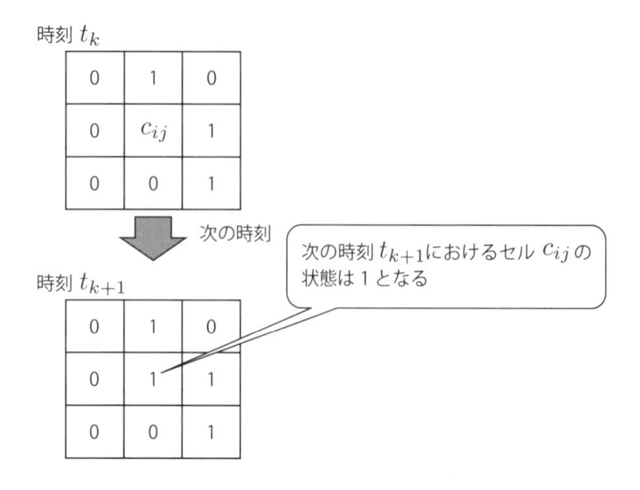

■図 4.11　セルの周囲に、状態１のセルが合計３つ存在する場合（誕生または存続）

次に、時刻t_kにおいて、**図4.12**のように、セルc_{ij}の周囲に、状態1のセルが合計2つあったとします。この場合、上記②のルールにより、次の時刻t_{k+1}におけるセルc_{ij}の状態に変化はありません。

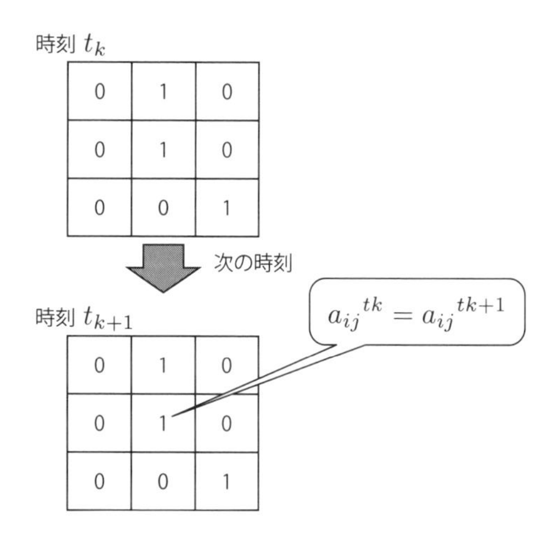

(1)　${a_{ij}}^{tk} = 1$の場合（存続）

■図 4.12　セルの周囲に、状態１のセルが合計２つ存在する場合（存続）

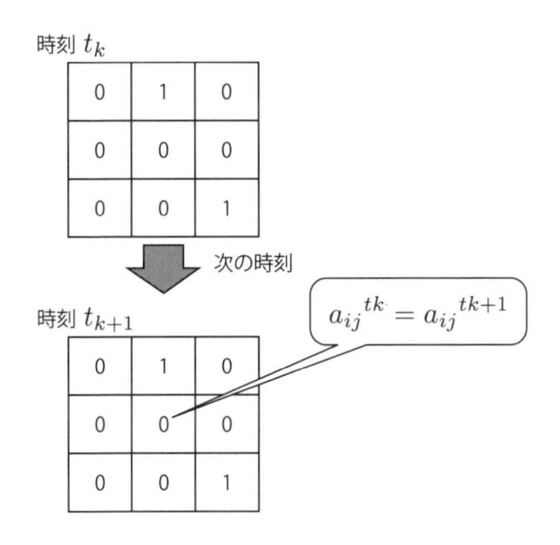

■図 4.12　セルの周囲に、状態 1 のセルが合計 2 つ存在する場合（存続）（つづき）

図4.12を解釈すると、ルール②は、周囲の環境が適切である場合に生物が存続することをシミュレートしているとみなすことができます。

図4.11および図4.12の場合以外には、時刻が進むとセルの状態は0になります。**図4.13**にその例を示します。

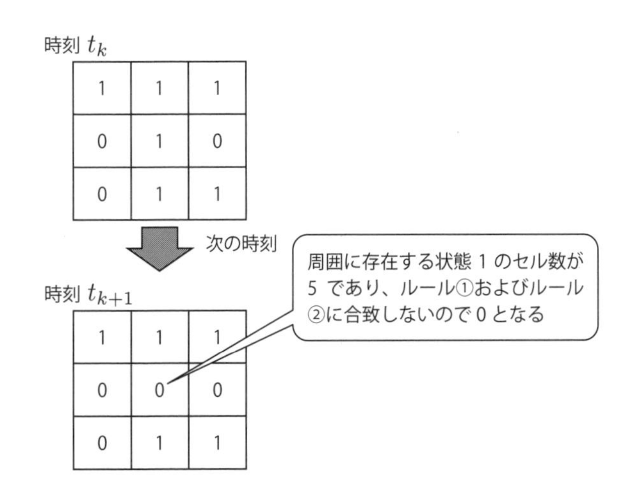

■図 4.13　ルール①および②に合致しない場合（セルの状態は 0 となる）

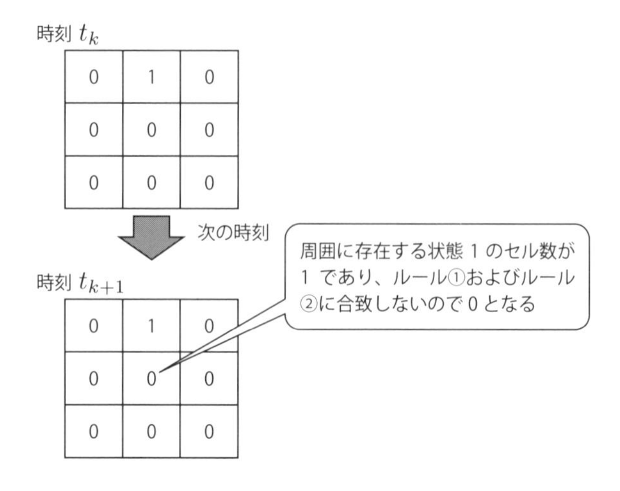

(2) 過疎の場合

■図 4.13　ルール①および②に合致しない場合（セルの状態は 0 となる）（つづき）

以上のルールに基づいて、ある初期配置からどのようにセルの状態が変化するかを考えます。たとえば、**図4.14**のような初期配置では、状態(1)と(2)の状態を繰り返す、振動状態となります。なお、図4.14では状態1のみを表示することにします。

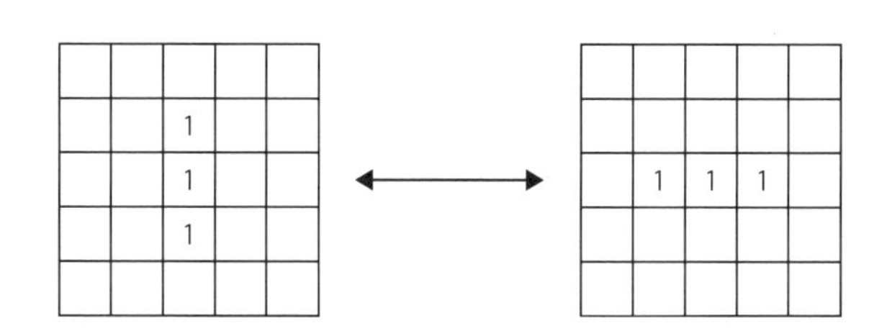

■図 4.14　ライフゲームの状態遷移（1）縦一列と横一列を繰り返す

図4.15の初期状態では、時刻の進展によっても配置は変化しません。図4.15を生物のコロニーと解釈すれば、安定な生存状態であると言えるでしょう。

		1	1	
		1	1	

■図 4.15　ライフゲームの状態遷移（2）時刻の進展によっても配置は変化しない

図4.16の配置では、時刻とともに図形が移動しているように変化します。時刻t_kから4時刻後のt_{k+4}では、同じ形の図形が右下に1セル分移動しています。生物シミュレーションとの解釈では、コロニーを構成する生物が移動しているように見ることができます。

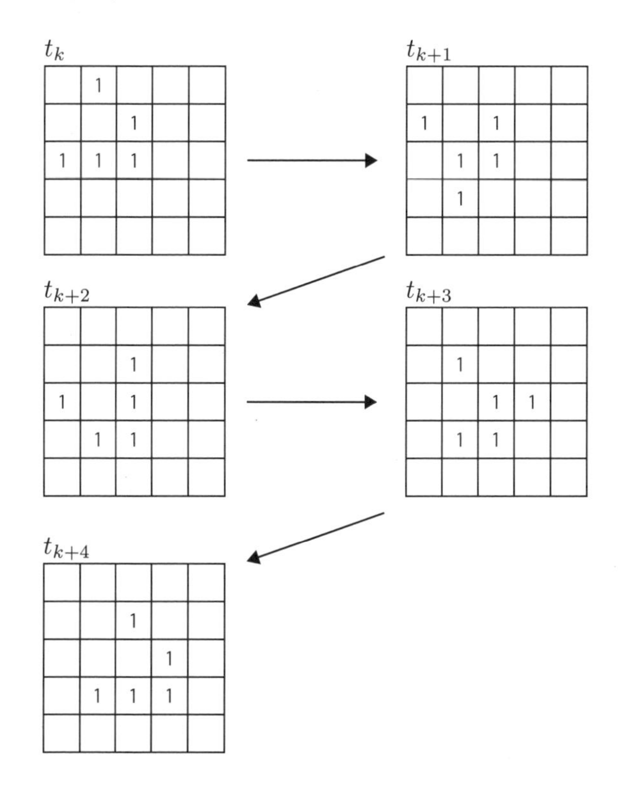

■図 4.16　ライフゲームの状態遷移（3）時刻とともに図形が移動する

図4.16の配置は、一般に**グライダー**と呼ばれています。グライダーは元の配置を保ったまま、4時刻ごとに右下に1セル分だけ移動します。

4.2.2　ライフゲームのプログラム

ライフゲームをシミュレートするプログラムlife.pyの構成方法を考えます。基本的には、先に示した1次元セルオートマトンのプログラムcal.pyを拡張することで、ライフゲームのシミュレータを作成することが可能です。

cal.pyプログラムと違い、life.pyプログラムではルールの指定は必要ありません。そこで、life.pyプログラムは入力として初期状態の配置のみを受け取ることにします。

life.pyプログラムの基本的な構造を、**図4.17**に示します。図4.17は、life.pyプログラムに含まれる関数の呼び出し関係を表しています。**表4.3**に、これらの関数の説明を示します。

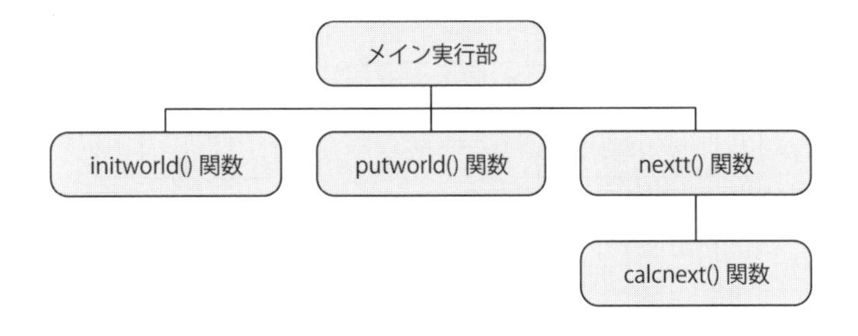

■図 4.17　life.py プログラムに含まれる関数の呼び出し関係

■表 4.3　life.py プログラムを構成する下請け関数

名称	説明
initworld(world)	初期値の読み込み
putworld(world])	world[][] の状態の出力
nextt(world)	次の時刻に更新
calcnext(world, i, j)	1 セルの状態の更新

以上をもとに作成したlife.pyプログラムを**リスト4.3**に、実行例を**実行例4.2**に示します。

■リスト 4.3 ライフゲームシミュレータ：life.py プログラム

```
 1:# -*- coding: utf-8 -*-
 2:"""
 3:life.pyプログラム
 4:ライフゲーム計算プログラム
 5:2次元セルオートマトンの一種である、ライフゲームのプログラム
 6:使い方  c:\>python glife.py < (初期状態ファイル名)
 7:初期状態ファイルには初期配置を記述する
 8:"""
 9:# モジュールのインポート
10:import sys  # readlines()に必要
11:
12:# 定数
13:N = 50       # ライフゲームの世界の大きさ
14:MAXT = 100  # 繰り返しの回数
15:
16:# 下請け関数の定義
17:# putworld()関数
18:def putworld(world):
19:    """worldの状態の出力"""
20:    # worldの更新
21:    for i in range(N):
22:        for j in range(N):
23:            print("{:1d}".format(world[i][j]), end="")
24:        print()
25:# putworld()関数の終わり
26:
27:# initworld()関数
28:def initworld(world):
29:    """初期値の読み込み"""
30:    chrworld = sys.stdin.readlines()
31:    # 内部表現への変換
32:    for no, line in enumerate(chrworld):
33:        line = line.rstrip()
34:        for i in range(len(line)):
35:            world[no][i] = int(line[i])
36:# initworld()関数の終わり
37:
38:# nextt()関数
```

```
39:def nextt(world):
40:    """worldの状態の更新"""
41:    nextworld = [[0 for i in range(N)] for j in range(N)]  # 次世代
42:    # ルールの適用
43:    for i in range(1, N - 1):
44:        for j in range(1, N - 1):
45:            nextworld[i][j] = calcnext(world, i, j)
46:    # worldの更新
47:    for i in range(N):
48:        for j in range(N):
49:            world[i][j] = nextworld[i][j]
50:# nextt()関数の終わり
51:
52:# calcnext()関数
53:def calcnext(world, i, j):
54:    """1セルの状態の更新"""
55:    no_of_one = 0  # 周囲にある状態1のセルの数
56:    # 状態1のセルを数える
57:    for x in range(i - 1, i + 2):
58:        for y in range(j - 1, j + 2):
59:            no_of_one += world[x][y]
60:    no_of_one -= world[i][j]  # 自分自身はカウントしない
61:    # 状態の更新
62:    if no_of_one == 3:
63:        return 1               # 誕生
64:    elif no_of_one == 2:
65:        return world[i][j]  # 存続
66:    return 0  # 上記以外
67:# calcnext()関数の終わり
68:
69:# メイン実行部
70:world = [[0 for i in range(N)] for j in range(N)]
71:# world[][]への初期値の読み込み
72:initworld(world)
73:print("t=0")        # 初期時刻の出力
74:putworld(world)  # worldの状態の出力
75:
76:# 時間発展の計算
77:for t in range(1,MAXT):
```

```
78:     nextt(world)       # 次の時刻に更新
79:     print("t=", t)     # 時刻の出力
80:     putworld(world)    # worldの状態の出力
81:# life.pyの終わり
```

■実行例 4.2　life.py プログラムの実行例

```
C:\Users\odaka\Documents\ch4>python life.py < initlife.txt
t=0
00000000000000000000000000000000000000000000000000
00000000000000000000000000000000000000000000000000
  （途中省略）
00000000000000000000000000000000000000000000000000
00000000000000000000000000000001110000000000000000
00000000000000000000000000000001010000000000000000
00000000000000000000000000000001010000000000000000
00000000000000000000000000000000000000000000000000
00000000000000000000000000000000000000000000000000
00000000000000000000000000000000000000000000000000
00000000000000000000000000000000000000000000000000
t= 1
00000000000000000000000000000000000000000000000000

00000000000000000000000000000000000000000000000000
00000000000000000000000000000000000000000000000000
  （途中省略）
00000000000000000000000000000000000000000000000000
00000000000000000000000000000000000000000000000000
00000000000000000000000000000000000000000000000000
00000000000000000000000000000000100000000000000000
00000000000000000000000000000001010000000000000000
00000000000000000000000000000011011000000000000000
00000000000000000000000000000000000000000000000000
  （以下、各時刻の計算結果を行列形式で出力する）
```

生物の配置が値「1」で示される

時刻の進展とともに配置が変化する

life.py プログラムの構成は、先に示したcal.py プログラムとよく似ています。70行目からのメイン実行部では、initworld()関数を使って初期状態を読み込み、時刻0の状態としてputworld()関数を使って出力します。その後、77行目～80行目のfor文により、nextt()関数を呼び出すことで時間的発展の様子を計算します。

nextt()関数は、world[][]リストの一番外側を除くすべてのセルについて、ライフゲームのルールを適用することで、次の時刻の状態を計算します。ルールの適用について、calcnext()関数を下請けの関数として利用します。

calcnext()関数は、57行目〜60行目の処理で周囲にある状態1のセルの数を数え、その値に基づいて62行目〜66行目において次の時刻のセルの状態を返します。

putworld()関数は、world[][]リストの内容を出力します。またinitworld()関数は、標準入力から初期状態で配置される生物の配置を読み込みます。なお、life.pyプログラムの受け取る初期値は、**実行例4.3**のような形式となります。

■実行例4.3　life.pyプログラムの受け取る初期値の記述形式

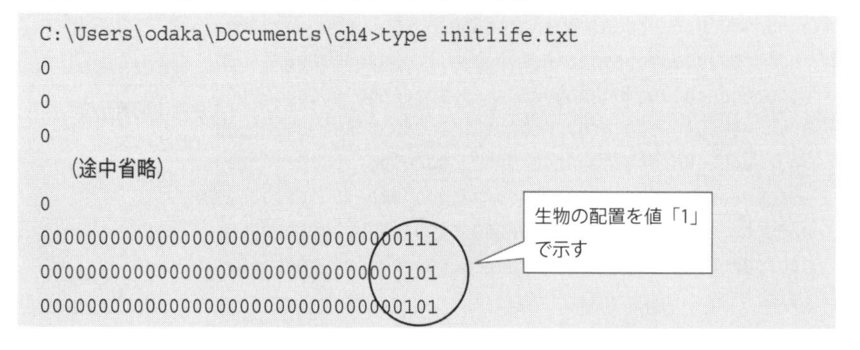

```
C:\Users\odaka\Documents\ch4>type initlife.txt
0
0
0
  (途中省略)
0
0000000000000000000000000000000111
0000000000000000000000000000000101
0000000000000000000000000000000101
```


life.pyプログラムは文字ベースの入出力に基づく基本的なプログラムであり、結果はあまり見やすくありません。より広い領域のシミュレーションを行うには、グラフィカルな表示が望まれます。そこで、**図4.18**のような表示を行うプログラムglife.pyを、**リスト4.4**に示します。

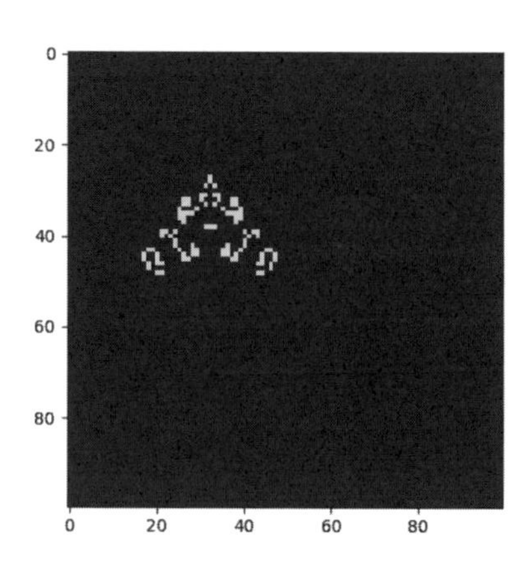

■図4.18　glife.pyプログラムの実行例

■リスト 4.4　glife.py プログラム

```
 1:# -*- coding: utf-8 -*-
 2:"""
 3:glife.pyプログラム
 4:ライフゲーム計算プログラム
 5:2次元セルオートマトンの一種である、ライフゲームのプログラム
 6:結果をグラフ描画する
 7:使い方　c:\>python glife.py　< (初期状態ファイル名)
 8:初期状態ファイルには初期配置を記述する
 9:"""
10:# モジュールのインポート
11:import sys  # readlines()に必要
12:import numpy as np
13:import matplotlib.pyplot as plt
14:
15:# 定数
16:N = 100      # ライフゲームの世界の大きさ
17:MAXT = 200  # 繰り返しの回数
18:
19:#下請け関数の定義
20:# initworld()関数
21:def initworld(world):
22:    """初期値の読み込み"""
23:    chrworld = sys.stdin.readlines()
24:    # 内部表現への変換
25:    for no, line in enumerate(chrworld):
26:        line = line.rstrip()
27:        print(line)
28:        for i in range(len(line)):
29:            world[no][i] = int(line[i])
30:# initworld()関数の終わり
31:
32:# nextt()関数
33:def nextt(world):
34:    """worldの状態の更新"""
35:    nextworld = [[0 for i in range(N)] for j in range(N)]  # 次世代
36:    # ルールの適用
37:    for i in range(1, N - 1):
38:        for j in range(1, N - 1):
```

```
39:             nextworld[i][j] = calcnext(world, i, j)
40:     # worldの更新
41:     for i in range(N):
42:         for j in range(N):
43:             world[i][j] = nextworld[i][j]
44:# nextt()関数の終わり
45:
46:# calcnext()関数
47:def calcnext(world, i, j):
48:     """1セルの状態の更新"""
49:     no_of_one = 0  # 周囲にある状態1のセルの数
50:     # 状態1のセルを数える
51:     for x in range(i - 1, i + 2):
52:         for y in range(j - 1, j + 2):
53:             no_of_one += world[x][y]
54:     no_of_one -= world[i][j]  # 自分自身はカウントしない
55:     # 状態の更新
56:     if no_of_one == 3:
57:         return 1              # 誕生
58:     elif no_of_one == 2:
59:         return world[i][j]  # 存続
60:     return 0  # 上記以外
61:# calcnext()関数の終わり
62:
63:# メイン実行部
64:world = [[0 for i in range(N)] for j in range(N)]
65:# world[][]への初期値の読み込み
66:initworld(world)
67:print("t=0")      # 初期時刻の出力
68:
69:# グラフ出力
70:w = plt.imshow(world, interpolation="nearest")
71:
72:plt.pause(0.01)
73:
74:# 時間発展の計算
75:for t in range(1, MAXT):
76:     nextt(world)          # 次の時刻に更新
77:     print("t=", t)        # 時刻の出力
```

```
78:     # print(world)       # worldの状態の出力
79:     # グラフ出力
80:     w.set_data(world)  # 描画データの更新
81:
82:     plt.pause(0.01)
83:plt.show()
84:# glife.pyの終わり
```

4.3 交通流シミュレーション

4.3.1 1次元セルオートマトンによる交通流のシミュレーション

本章の最後に、セルオートマトンを用いた交通流のシミュレーションを扱います。ここでいう交通流とは、道路を走る複数の自動車の、全体としての流れ方といった意味です。交通流のシミュレーションにより、交通渋滞の仕組みの解析などを行うことができます。ここでは、交通流をセルオートマトンを用いて表現する方法を考えます。

今、**図4.19**のように一方通行の道路があったとします。ここに初期状態で自動車が左端に3台が止まっているとします（図の(1)）。一番右側の自動車V_1は、前方が開いているのでそのまま発進することができます。しかし2番目と3番目の自動車V_2およびV_3は、前方に自動車がいるので、動くことができません（図の(2)）。2番目の自動車V_2が動けるのは、V_1が先に進んで、V_1とV_2の間に車間が生じた後になります。V_2が動くと、次はV_3が動けるようになります（図の(3)）。

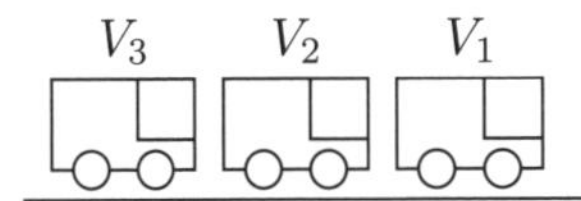

(1) 初期状態で自動車V_1～V_3が左端に止まっている

■図4.19　3台の自動車が一方通行の道路を右へ進む場合の交通流

(2)　V_1は発進することができるがV_2およびV_3は、前方に自動車がいるので動くことができない

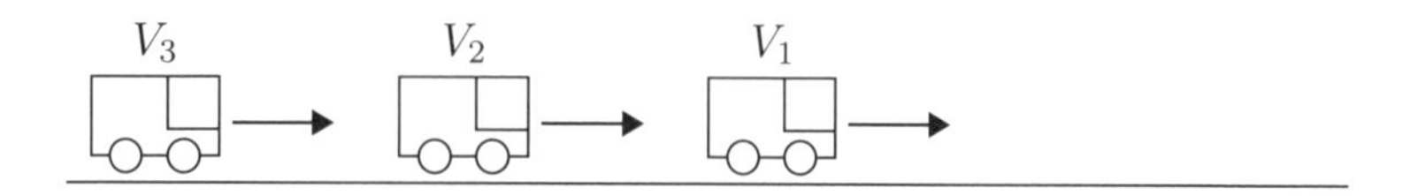

(3)　しばらくすると車間が生じるので、V_2およびV_3も動くことができる

■図4.19　3台の自動車が一方通行の道路を右へ進む場合の交通流（つづき）

図4.19のような交通流を抽象化して、1次元セルオートマトンで表現することを考えます。1次元セルオートマトンの各セルには1台の自動車だけが存在できるとします。セルの状態1を自動車が存在する状態とし、状態0を自動車がいない状態とします。 セルオートマトンの左から右に自動車が進むことを考えると、状態遷移のルールはおおむね次のようになります。

- セルc_iに自動車がいる場合、セルc_iの右隣のセルc_{i+1}の状態が0の場合、セルc_iにいる自動車は次の時刻に右へ進むことができる（必ず右へ進む）。
- セルc_iに自動車がいない場合、セルc_iの左隣c_{i-1}のセルに自動車がいれば、次の時刻にセルc_iは状態1となる。

以上を1次元セルオートマトンのルール形式に書き下すと、**表4.4**のようにルール184を得ることができます。

■表4.4　ルール184（交通流シミュレーションのルール）

${a_{i-1}}^{tk}, {a_i}^{tk}, {a_{i+1}}^{tk}$	111	110	101	100	011	010	001	000
${a_i}^{tk+1}$	1	0	1	1	1	0	0	0

次に、上記設定に従った、ルール184に基づくシミュレーションプログラムを作

成します。 本シミュレーションプログラムでは、左から右に向かう一方通行の道路上を、自動車が時刻に従って進みます。自動車は左端から流入し、右端から流出します。自動車の初期配置や流入量は、シミュレーションの初期条件として設定できるようにする必要があります。**図4.20**に、ここで行う交通流シミュレーションの設定を示します。

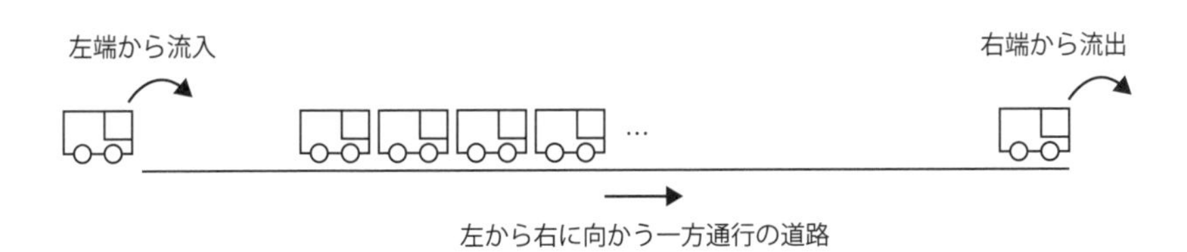

■図4.20　交通流シミュレーションの設定

4.3.2　交通流シミュレーションのプログラム

以下で作成する交通流シミュレーションプログラムtraffic.pyは、基本的には先に示した1次元セルオートマトンのシミュレーションプログラムca1.pyと同様の処理を行うプログラムです。異なるのは、ルールがルール184に固定されている点と、セルオートマトンの左端からの自動車の流入がある点です。そこで、これらの点を中心にca1.pyプログラムを書き換えます。

書き換えの中心はメイン実行部です。ルール番号の設定をやめて、代わりに流入率の設定を行います。流入率は、何時刻ごとに自動車を1台流入させるかを整数で指定します。したがって、指定する数値が大きいほうが時間あたりの流入量が小さいということになります。

メイン処理部では、また、毎時刻の状態更新前に、自動車の流入処理を行います。その他、出力形式などを交通流シミュレーションの趣旨に合わせて若干変更します。

以上の方針で作成したtraffic.pyプログラムを、**リスト4.5**に示します。また実行例を**実行例4.4**に示します。

■リスト4.5　交通流シミュレーション：traffic.pyプログラム

```
1:# -*- coding: utf-8 -*-
2:"""
3:traffic.pyプログラム
4:セルオートマトンに基づく交通流シミュレーション
```

```
 5:ルールと初期状態から，時間発展を計算する
 6:使い方　c:\>python traffic.py < (初期状態ファイル名)
 7:"""
 8:# モジュールのインポート
 9:import sys  # sys.exit()の利用に必要
10:
11:# 定数
12:N = 50      # セルの最大個数
13:R = 8       # ルール表の大きさ
14:MAXT = 50   # 繰り返しの回数
15:RULE = 184  # ルール番号（184に固定）
16:
17:# 下請け関数の定義
18:# setrule()関数
19:def setrule(rule, ruleno):
20:    """ルール表の初期化"""
21:    # ルール表の書き込み
22:    for i in range(0, R):
23:        rule[i] = ruleno % 2
24:        ruleno = ruleno // 2  # 左シフト
25:# setrule()関数の終わり
26:
27:# initca()関数
28:def initca(ca):
29:    """セルオートマトンへの初期値の読み込み"""
30:    # 初期値を読み込む
31:    line = input("caの初期値を入力してください:")
32:    print()
33:    # 内部表現への変換
34:    for no in range(len(line)):
35:        ca[N - 1 - no] = int(line[no])
36:# initca()関数の終わり
37:
38:# putca()関数
39:def putca(ca):
40:    """caの状態の出力"""
41:    for no in range(N - 1, -1, -1):
42:        if ca[no] == 1:
43:            outputstr = "-"
44:        else:
```

```
45:            outputstr = " "
46:        print("{:1s}".format(outputstr), end="")
47:    print()
48:# putca()関数の終わり
49:
50:# nextt()関数
51:def nextt(ca, rule):
52:    """caの状態の更新"""
53:    nextca = [0 for i in range(N)]  # 次世代のca
54:    # ルールの適用
55:    for i in range(1, N - 1):
56:        nextca[i] = rule[ca[i + 1] * 4 + ca[i] * 2 + ca[i - 1]]
57:    # caの更新
58:    for i in range(N):
59:        ca[i] = nextca[i]
60:# nextt()関数の終わり
61:
62:# メイン実行部
63:# 流入率の初期化
64:flowrate = int(input("流入率を入力してください:"))
65:print()
66:if flowrate <= 0:
67:        print("流入率が正しくありません(", flowrate, ")")
68:        sys.exit()
69:# ルール表の初期化
70:rule = [0 for i in range(R)]  # ルール表の作成
71:setrule(rule, RULE)           # ルール表をセット
72:# セルオートマトンへの初期値の読み込み
73:ca = [0 for i in range(N)]    # セルの並び
74:initca(ca)                    # 初期値読み込み
75:
76:# 時間発展の計算
77:for t in range(1, MAXT):
78:    nextt(ca, rule)      # 次の時刻に更新
79:    if (t % flowrate) == 0:
80:         ca[N - 2] = 1  # 自動車の流入
81:    print("t=", t, "\t", end="")
82:    putca(ca)            # caの状態の出力
83:# traffic.pyの終わり
```

実行例4.4の実行例では、セルオートマトンの中央部分に自動車の連なりを記述してあります。図で、自動車は「-」で表しています。

■実行例 4.4　traffic.py プログラムの実行例

(1) 流入がなく、渋滞が解消していく例

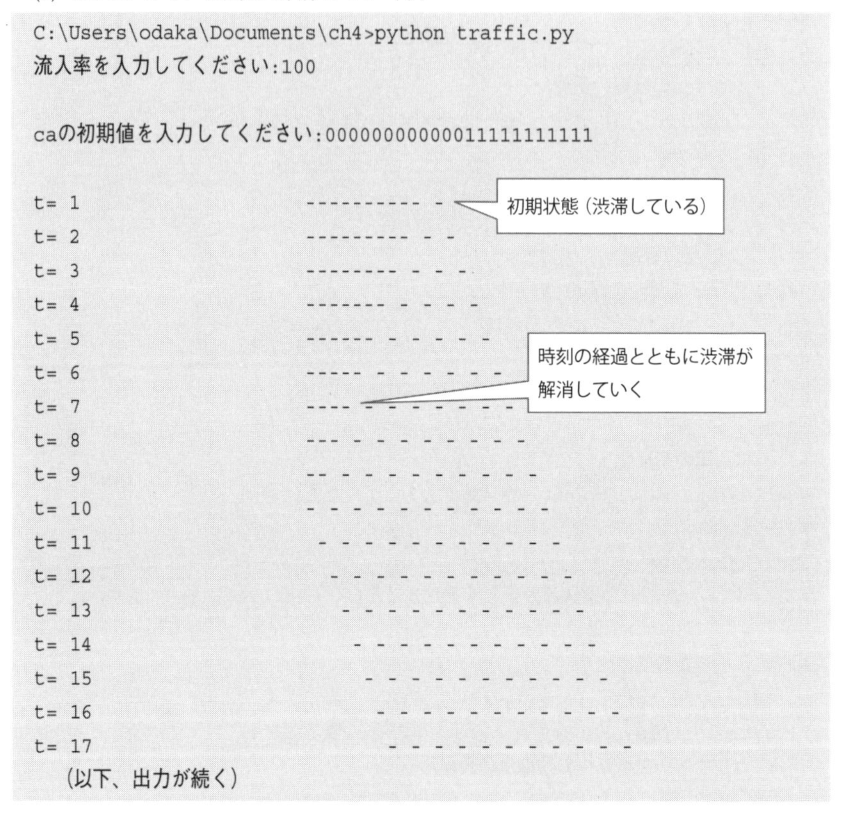


```
C:\Users\odaka\Documents\ch4>python traffic.py
流入率を入力してください:100

caの初期値を入力してください:0000000000001111111111

t= 1                   ---------- -
t= 2                   --------- - -
t= 3                   -------- - - -
t= 4                   ------- - - - -
t= 5                   ------ - - - - -
t= 6                   ----- - - - - - -
t= 7                   ---- - - - - - - -
t= 8                   --- - - - - - - - -
t= 9                   -- - - - - - - - - -
t= 10                  - - - - - - - - - - -
t= 11                   - - - - - - - - - - -
t= 12                    - - - - - - - - - - -
t= 13                     - - - - - - - - - - -
t= 14                      - - - - - - - - - - -
t= 15                       - - - - - - - - - - -
t= 16                        - - - - - - - - - - -
t= 17                         - - - - - - - - - - -
    (以下、出力が続く)
```

(2) 流入が多く、渋滞の範囲が左に向けて移動していく例

```
C:\Users\odaka\Documents\ch4>python traffic.py
流入率を入力してください:2

caの初期値を入力してください:0000001111111111111111

t= 1          --------------- -
t= 2     -    -------------- - -
t= 3      -   ------------- - - -
```

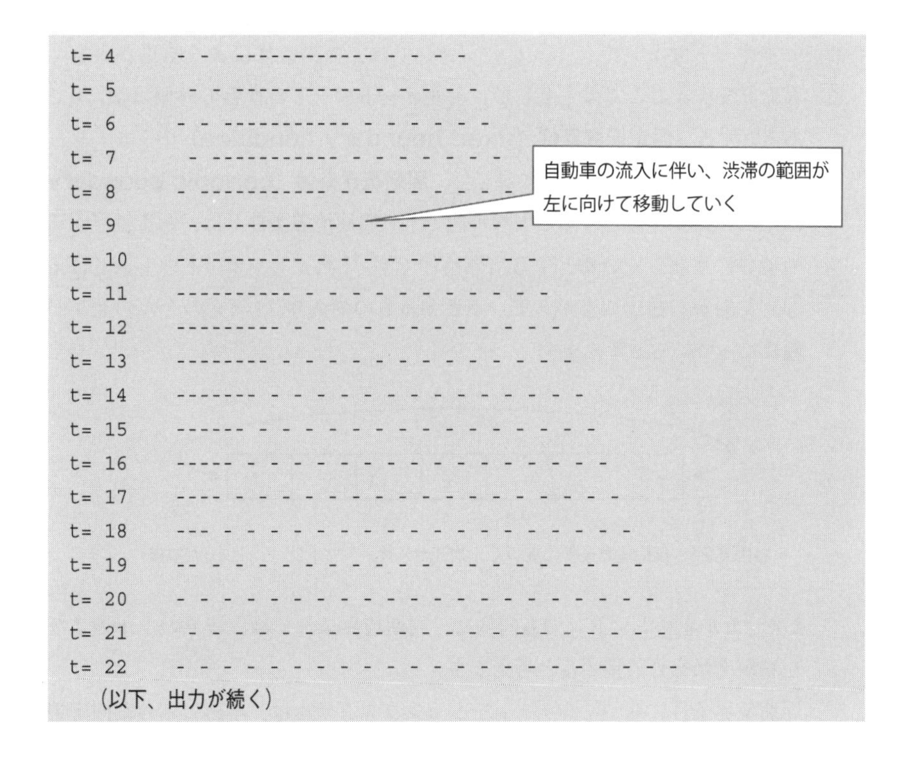

実行例4.4の(1)の実行例では、流入率を100と指定することで、100時刻ごとに1台の自動車を流入させます。この設定では、例に示した時刻$t = 9$までの範囲では自動車の流入はまったくありません。例のように、初期状態で設定した渋滞が時刻の経過とともに解消していく様子がシミュレートされています。

実行例4.4の(2)では、流入率を2に設定しており、左から自動車がどんどん流入してきます。時刻$t = 10$頃までは渋滞の長さは短くなっていきますが、それ以降は、渋滞は解消されず、渋滞の範囲が左に移動しています。

章末問題

(1) 本章では主として、隣接するセル同士の相互作用によって時間変化するセルオートマトンを示しました。しかし、これ以外の相互作用によるセルオートマトンを考えることもできます。たとえば1次元セルオートマトンで、隣接する両側のセルだけでなく、さらにその1つ先のセルまでが相互作用するセルオートマトンを考えることができます。こうしたセルオートマトンについてシミュレーションするプログラムを作成してみてください。

(2) セルオートマトンのシミュレーションでは、境界条件により結果が大きく異なります。ここでは主として、セルオートマトンの世界の外側は常に0であるとする、**固定境界条件（fixed boundary condition）**のシミュレーションを扱いました。これに対して、**周期境界条件（periodic boundary condition）**を設定することも可能です。周期境界条件とは、ある境界が別の境界に連続しているとする境界条件です。1次元セルオートマトンで言えば、左端が右端につながっているとするものであり、1次元のセルの並びが輪になっていると考えます。

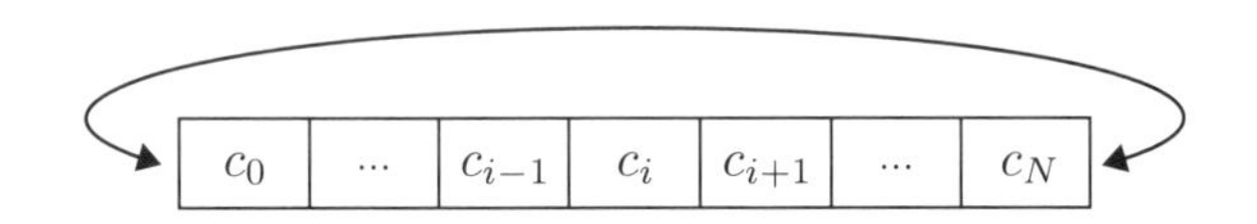

■図 4.21　周期境界条件に基づく1次元セルオートマトン（c_0とc_Nが隣接）

2次元セルオートマトンでも同様に、周期境界条件では、境界の上下および左右がそれぞれ隣接すると考えます。

周期境界条件に基づくシミュレーションプログラムは、本書に示した固定境界条件のプログラムを変更することで簡単に作成可能です。プログラムを作成し、シミュレーションがどのように変化するか試してみてください。

(3) ライフゲームにおける生物の配置パターンについては、さまざまな研究があります。本書では配置パターンのごく一部の例を示しました。これらには名前が付いており、たとえば図4.16のパターンは一般に「グライダー」と呼ばれています。他のさまざまな配置パターンについて、巻末に示した参考文献[5]などで調査し、シミュレーションを行ってください。

(4) 本章で示した交通流のシミュレーションは、さまざまな拡張が可能です。たとえば右左折を加えたり、信号機を設置することもできます。また、glife.pyプログラムのように、リアルタイムで状態を表示するような拡張も可能です。こうした拡張を試みてください。

第5章

乱数を使った確率的シミュレーション

本章では、コンピュータシミュレーションで用いられる乱数について述べた後、乱数を使った数値計算や、乱数に基づくシミュレーションについて扱います。

5.1 擬似乱数

5.1.1 乱数と擬似乱数

本書でこれまでに扱ってきたシミュレーションは、初期状態が決まるとシミュレーション結果が一意に決定されるものばかりでした。たとえば第2章で扱った荷電粒子の運動シミュレーションでは、粒子や場の初期状態が決まれば、その後の粒子の運動は何度計算しても同じ値に決まります。第3章ではラプラスの方程式の境界値問題を扱いましたが、境界値が決まればやはり計算結果はいつも同じになります。第4章ではセルオートマトンのシミュレーションを示しましたが、これも初期状態によって結果が一意に定まります。

しかし現実の現象では、同じ設定で実験を行っても結果が異なる場合が少なくありません。第2章の運動シミュレーションの例で言えば、現実世界では同じ設定で物体を射出しても、さまざまな要因により、いつも正確に同じ軌跡を描くわけではありません。それどころか、同じ粒子の運動でも、第2章の荷電粒子の運動とはまったく異なり、規則性なくランダムに粒子が運動するように見える場合すらあります。たとえば、液体中に浮遊する微粒子の示すブラウン運動では、その軌跡は極めて不規則です。

また、より現実的なシミュレーションを行うためには、計算の過程で不規則性が必要となる場合もあります。たとえば第4章の自動車の渋滞シミュレーションは、現実の自動車渋滞のある特徴を抽象化してはいますが、シミュレーション結果にはいささか不自然な点があります。その1つの原因として、第4章のtraffic.pyプログラムでは、自動車の流入が規則的である点があります。現実の世界では、自動車が一定の間隔で流入することはまずありえないことです。したがって、不規則な時間間隔で流入させないと、シミュレーション結果が不自然になってしまいます。

こうしたことから、シミュレーションでは不規則性が要求される場合があります。シミュレーションに不規則さを持ち込む1つの方法は、**乱数（random number）**を用いることです。

乱数とは、ランダムに並んだ数の列の、1つ1つの要素を言います。この説明では、ランダムに並ぶとはどういう意味なのかが問題になります。これは乱数を何に使うかによって決まりますが、ここでは、並び方に規則性や前後の相関がなく、次の値を予想することができないような並びであるとしましょう。

乱数を使えば、先に述べたような不規則性をシミュレーションに導入することが可能です。たとえば運動シミュレーションにわずかに乱数の要素を加えれば、同じ初期設定でも微妙に異なる運動を生じさせることが可能です。また交通流のシミュレーションであれば、自動車の流入のタイミングを乱数で制御することで、実際の交通流で見られるような交通流の不規則性をシミュレートできます。

さて、乱数はどのようにすれば作ることができるでしょうか。本当にランダムな数の並びを手に入れたければ、量子論的な揺らぎに由来するような、本質的にランダムな物理現象を用いなければなりません。ランダムな物理現象による乱数を**物理乱数（physical random numbers）**と呼びます。

物理乱数を生成する電子装置や、物理乱数を記録したデータセットも存在しますが、コンピュータシミュレーションの世界ではあまり用いられません。これは、特殊な装置やデータを用意することに相当な手間がかかるためだと思われます。

シミュレーションでよく用いられるのは、**擬似乱数（pseudo random numbers）**と呼ばれる乱数です。擬似乱数は、計算によって求めた、一見ランダムに見える数の並びです。したがって計算アルゴリズムがわかれば、擬似乱数の値を予想することは容易です。ですから、擬似乱数は本来の意味での乱数ではありません。しかし、シミュレーションの計算を行う上では、シミュレーションの目的を達成できる範囲で数がランダムに並んでいれば、擬似乱数を乱数として扱うことは可能です。そこで以降では、擬似乱数を単に乱数と呼ぶことにしましょう。

以下では、乱数生成アルゴリズムについて検討した上で、乱数を用いた数値計算のアルゴリズムを示します。前者についてはPythonの基本的な機能のみを用いてプログラムを作成し、後者についてはPythonに用意されている乱数モジュールを活用することにしましょう。

5.1.2 乱数生成アルゴリズム

ここでは、Pythonの基本的な機能のみを用いて乱数を生成する方法を検討します。乱数を生成するアルゴリズムにはいろいろな種類があります。その中で、古くから広く用いられている簡便なアルゴリズムに、**線形合同法（linear congruential generator）**と呼ばれるアルゴリズムがあります。線形合同法に基づく乱数生成プログラムは簡単に作成できます。また古くから使われていたため、乱数生成アルゴリズムとしての問題点も明確です。そこで以下では、線形合同法を例に、乱数生成アルゴリズムに要求される性質について検討します。

線形合同法は、C言語などの古くから利用されているプログラミング言語の乱数生成関数において、生成の基礎となるアルゴリズムとして広く使われています。ただし、数値計算やシミュレーションで用いることを考えると、後述のように、線形合同法には大きな問題があります。このため、Pythonの乱数生成モジュールでは線形合同法は用いられていません。Pythonの乱数生成モジュールについては、次項で取り上げます。

さて、線形合同法のアルゴリズムは、非常に簡単です。乱数系列 $R_1, R_2, \cdots R_i, R_{i+1}, \cdots$ において、下記式(1)により次の値を順に計算します。

$$R_{i+1} = (aR_i + c)\%m \tag{1}$$

ただし、a, c, m は正の整数であり、%はモジュロ演算子（剰余演算子）

式(1)で、通常 m は R_i のビット幅に依存して決定されます。たとえば R_i が32ビットの整数であれば、m を 2^{32} とすることができます。m を小さくすると乱数の周期が短くなってしまい、同じ並びが現れやすくなりますから、m は大きくとるほうが有利です。

式(1)の a と c は、乱数の性質に大きな影響を与えます。適切に選ぶと、周期が長くランダムな乱数系列を得ることができます。逆に不適切な選択をすると、乱数としての性質が失われます。巻末に示した参考文献[3]では、m を 2^{32} とする場合について、

$$a = 1664525$$
$$c = 1013904223$$

を適切な値として例示しています。この値を用いて、線形合同法(1)により乱数の列を生成するプログラムr.pyを**リスト5.1**に示します。実行例を**実行例5.1**に示します。

■リスト5.1　線形合同法により乱数の列を生成する：r.pyプログラム

```
1:# -*- coding: utf-8 -*-
2:"""
3:r.pyプログラム
```

```
 4:擬似乱数生成プログラム
 5:線形合同法による擬似乱数生成プログラム
 6:使い方  c:\>python r.py
 7:"""
 8:# 定数
 9:LIMIT = 50  # 生成する乱数の個数
10:
11:# メイン実行部
12:# 初期値の入力
13:r = int(input("初期値を入力:"))
14:# 乱数の生成
15:for i in range(LIMIT):
16:    r = (1664525 * r + 1013904223) % (2 ** 32)
17:    print(r)
18:# r.pyの終わり
```

■実行例 5.1　r.py プログラムの実行例

```
C:\Users\odaka\Documents\ch5>python r.py
初期値を入力:7
1025555898
3923423697
2630631676
3981355051
211918734
3675562389
1550419440
228089999
295425186
4225977241
   (以下、出力が続く)
```

実行例5.1の実行結果を見ると、一見、ランダムな数値が順に出力されているように見えます。しかし実は、これらの数値には乱数らしからぬ規則性が潜んでいます。

実は、実行例5.1の出力は奇数と偶数が交互に並んでいます。出力された数値を2進数で考えると、奇数と偶数が交互に並ぶことは、2進数の最下位桁では0と1を交互に繰り返していることになります。このことは、線形合同法の欠点の1つです。

一般に線形合同法では、最下位桁だけでなく、下位の桁は上位の桁と比較して繰り返し周期が短く、ランダムさに欠けるという特徴があります。

この特徴を考えると、線形合同法に基づく乱数の、特定のビット位置を取り出して乱数として利用することは避けるべきです。特に、繰り返しの周期が短い、下位の桁を取り出す操作はよくありません。

たとえば0から7の8種類の数字からなる乱数の系列を作るつもりで、次のようなプログラムを作ると、まったくランダムでない数字の列ができあがります。このプログラムコードはモジュロ演算子%を用いて、rを2進数で表示した場合の下位3桁を取り出しているからです。

```
# 乱数の生成
for i in range(LIMIT):
    r = (1664525 * r + 1013904223) % (2 ** 32)
    print(r % 8)  # モジュロ8 (%8) で下位3桁を取り出す
```

このプログラムを、初期値r = 0として実行すると、出力結果は次のような、極めて周期の短い繰り返しとなります。

```
7 2 1 4 3 6 5 0 7 2 1 4 3 6 5 0 7 2 1 4 3 6 5 0 7 2 1 4 3 6 5 0 7 2 …
```

72143650を繰り返している

この他の線形合同法の欠点として、ある数値に続く次の数値が1通りに決まっている点があります。このことは式(1)より明らかです。よって、たとえば連続する乱数2個を平面座標(x, y)に割り当てると、あるxに対応するyの値は1通りしか存在しないことになります。また、線形合同法による乱数の系列では、いくら長い系列を観測しても同じ数字が隣接して並ぶことはありません。これは、乱数としては非常に不自然な特徴です。

なお、線形合同法などの主な乱数生成アルゴリズムは、乱数の値の分布が一様な**一様乱数（uniform random numbers）**を生成します。乱数にはこの他に、分布が正規分布に従う**正規乱数（normal random numbers）**など、一様ではない分布を持ったものもあります。以下では主として一様乱数を扱います。

5.1.3 Pythonの乱数生成モジュール

Pythonには、乱数生成モジュールとしてrandomモジュールが用意されています。randomモジュールは、**メルセンヌツイスタ（Mersenne twister）**と呼ばれる乱数生成アルゴリズムを用いており、線形合同法に見られるような欠点が大きく改善されています。randomモジュールの利用例であるrandomex.pyプログラムを**リスト5.2**に示します。

■リスト5.2　randomex.pyプログラム

```
 1:# -*- coding: utf-8 -*-
 2:"""
 3:randomex.pyプログラム
 4:randomモジュールの使用例
 5:使い方　c:\>python randomex.py
 6:"""
 7:# モジュールのインポート
 8:import random
 9:
10:# メイン実行部
11:# SEEDの入力
12:seed = float(input("SEEDを入力してください:"))
13:# 乱数の初期化
14:random.seed(seed)
15:# 乱数の出力
16:for i in range(20):
17:    print(random.random())
18:# randomex.pyの終わり
```

randomex.pyプログラムの実行例を**実行例5.2**に示します。例にあるように、random()は$[0, 1)$の区間の浮動小数点数をランダムに返します。以下では、randomモジュールを用いて乱数の応用プログラムを記述することにします。

■実行例5.2　randomex.pyプログラムの実行例

```
C:\Users\odaka\Documents\ch5>python randomex.py
SEEDを入力してください:7
0.32383276483316237
0.15084917392450192
0.6509344730398537
```

```
0.07243628666754276
0.5358820043066892
0.36568891691258554
0.057998924774706806
0.5074357331894203
　（以下、出力が続く）
```

5.2 乱数と数値計算

本節では、乱数を利用した計算手法として、乱数による数値積分と、乱数を用いた最適化手法について紹介します。

5.2.1 数値積分と乱数

乱数による数値積分について説明する前に、まず、数値積分そのものについて説明しましょう。

関数$f(x)$の**数値積分（numerical integration）**とは、関数$f(x)$上の点$x_0, x_1, \cdots, x_n$が与えられたときに、$f(x_0), f(x_1), \cdots, f(x_n)$の値を用いて、関数$f(x)$の積分値$\int_{x_0}^{x_n} f(x)dx$の値を数値的に計算することを言います。

数値積分の手法は古くから研究されており、さまざまな公式が存在します。その中でも**台形公式（trapezoid rule）**は、数値積分の基本的な考え方を与える公式の1つです。

台形公式では、関数$f(x)$のある区間$[x_i, x_{i+1}]$を直線で近似します（**図5.1**）。すると、区間$[x_i, x_{i+1}]$の積分値は図5.1の台形部分の面積となるので、次のように近似できます。

$$\begin{aligned}\int_{x_i}^{x_{i+1}} f(x)dx &\fallingdotseq \frac{f(x_i)+f(x_{i+1})}{2} \times (x_{i+1}-x_i) \\ &= \frac{f(x_i)+f(x_{i+1})}{2} \times h \end{aligned} \qquad (2)$$

ただし$h = x_{i+1} - x_i$

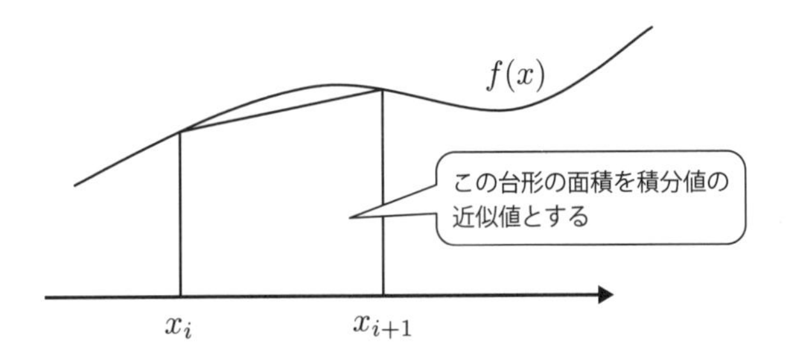

■図5.1　台形公式では、関数$f(x)$のある区間$[x_i, x_{i+1}]$を直線で近似する

関数$f(x)$上の点$x_0, x_1, \cdots, x_n$が間隔hで等間隔に並んでいるとすると、式(2)より$\int_{x_0}^{x_n} f(x)dx$の値は次のように近似できます。

$$
\begin{aligned}
\int_{x_0}^{x_n} f(x)dx &= \frac{f(x_0)+f(x_1)}{2} \times h + \frac{f(x_1)+f(x_2)}{2} \times h + \cdots + \frac{f(x_{n-1})+f(x_n)}{2} \times h \\
&= (\frac{f(x_0)}{2} + f(x_1) + f(x_2) + \cdots + f(x_{n-1}) + \frac{f(x_n)}{2}) \times h \qquad (3)
\end{aligned}
$$

この方法で、**図5.2**に示した4分円の面積を求めるプログラムtrape.pyを**リスト5.3**に示します。

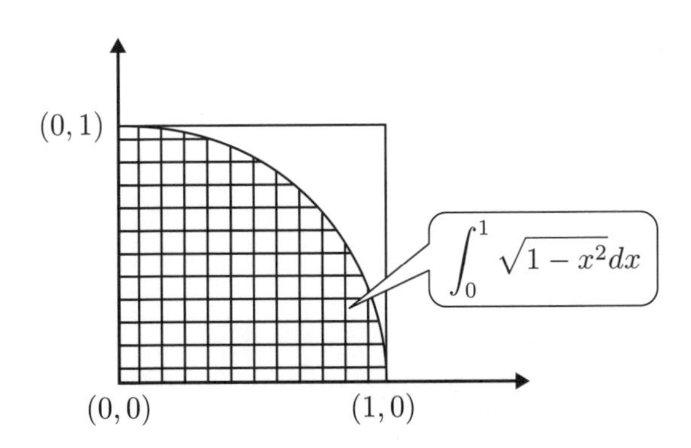

■図5.2　数値積分の例題：4分円の面積を求める

■リスト5.3　台形公式により４分円の面積を求める：trape.py プログラム

```
 1:# -*- coding: utf-8 -*-
 2:"""
 3:trape.pyプログラム
 4:数値積分プログラム
 5:台形公式を使って数値積分を行う
 6:使い方  c:\>python trape.py
 7:区間は0〜1に固定してある
 8:"""
 9:# モジュールのインポート
10:import math
11:
12:# 定数
13:SEED = 1  # 乱数の種
14:R = 10    # 実験の繰り返し回数
15:
16:# 下請け関数の定義
17:# fx()関数
18:def fx(x):
19:    """積分対象の関数"""
20:    return math.sqrt(1.0 - x * x)
21:# fx()関数の終わり
22:
23:# メイン実行部
24:# 試行回数nの入力
25:n = int(input("区間分割数Nを入力してください:"))
26:# 刻み幅hの計算
27:h = 1.0 / n
28:# 積分値の計算
29:integral = fx(0.0) / 2.0
30:for i in range(1, n):
31:    integral += fx(float(i) / n)
32:integral += fx(1.0) / 2.0
33:integral *= h
34:# 結果の出力
35:print("積分値I  ", integral, "    4I  ", 4 * integral)
36:# trape.pyの終わり
```

実行例5.3に、trape.pyプログラムの実行例を示します。例のように、trape.pyプログラムは、最初に区間分割数を読み込みます。その後、積分結果Iおよび積分結果を4倍した値4Iを出力します。図5.2から明らかなように、trape.pyプログラムが実行する積分の厳密値は$\pi/4$です。実行例5.3より、区間分割数を増やすにつれ、4Iの値が$\pi = 3.1415926535\cdots$に近づいている様子がわかります。

■実行例 5.3 trape.py プログラムの実行例

```
C:\Users\odaka\Documents\ch5>python trape.py
区間分割数Nを入力してください:1000
積分値I    0.7853888667277558     4I    3.141555466911023

C:\Users\odaka\Documents\ch5>python trape.py
区間分割数Nを入力してください:10000
積分値I    0.7853978694028302     4I    3.1415914776113207

C:\Users\odaka\Documents\ch5>python trape.py
区間分割数Nを入力してください:100000
積分値I    0.785398154100502     4I    3.141592616402008

C:\Users\odaka\Documents\ch5>python trape.py
区間分割数Nを入力してください:1000000
積分値I    0.7853981631034941     4I    3.1415926524139763
```

区間分割数を増やすにつれ、4Iの値がπに近づく

trape.pyプログラムの内部構造を簡単に説明します。trape.pyプログラムは、メイン実行部と、被積分関数$f(x)$を計算するfx()関数から構成されています。

メイン実行部の25行目と27行目では、区間分割数nの値を読み込み、刻み幅hの値を計算します。続く29行目〜33行目が、台形公式の計算です。29行目と32行目は両端の値の計算であり、30行目のfor文は両端を除いた部分の計算です。33行目では、刻み幅hを乗算します。メイン実行部の最後35行目のprint()関数により、結果を出力します。

fx()関数の定義はごく簡単で、実質的には、関数の値を計算するための20行目にあるreturn文だけで構成されています。以上のように、trape.pyプログラムはごく簡単なプログラムです。

次に、**乱数を用いた数値積分**について説明します。先の例と同じく、4分円の求積を例題とします。乱数を用いた数値積分では、ランダムに打った点が4分円に当

たるかどうかの割合で、4分円の面積を求めます。

図5.3のように、正方形領域内に乱数を使ってランダムに点をプロットしていきます。すると、打った点の総数に対する4分円内部の点の数の比は、4分円の面積の近似値となります。図5.3では、10個の点のうち、8個の点が4分円の内部に含まれています。そこで4分円の面積の近似値iは、

$$\text{積分値}\ I = 8/10 = 0.8$$

であるとします。点の数を増やしていくと、近似の精度が向上することが期待されます。

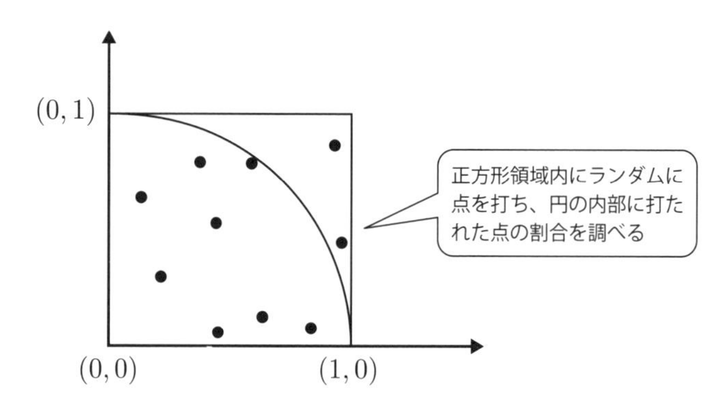

■図5.3　乱数を用いた数値積分：4分円の面積を求める

以上の方針で、乱数による数値積分を行うプログラムであるri.pyを**リスト5.4**に示します。実行例を**実行例5.4**に示します。リスト5.4では、1,000,000点を使った数値積分を、10回の異なる乱数系列で実行しています。結果として、3桁程度の精度を得ています。

■リスト5.4　乱数による数値積分を行う：ri.pyプログラム

```
1:# -*- coding: utf-8 -*-
2:"""
3:ri.pyプログラム
4:乱数による数値積分プログラム
5:擬似乱数を使って数値積分を行う
6:使い方　c:\>python ri.py
7:"""
```

```
 8:# モジュールのインポート
 9:import random
10:
11:# 定数
12:SEED = 1  # 乱数の種
13:R = 10    # 実験の繰り返し回数
14:
15:# メイン実行部
16:# 試行回数nの入力
17:n = int(input("試行回数nを入力してください:"))
18:# 乱数の初期化
19:random.seed(SEED)
20:# 積分実験の繰り返し
21:for r in range(R):
22:    integral = 0
23:    # 積分値の計算
24:    for i in range(n):
25:        x = random.random()
26:        y = random.random()
27:        if (x * x + y * y) <= 1:  # 円の内部
28:            integral += 1
29:    # 結果の出力
30:    res = float(integral) / n
31:    print("積分値I  ", res, "    4I  ", 4 * res)
32:# ri.pyの終わり
```

■実行例 5.4　ri.py プログラムの実行例

```
C:\Users\odaka\Documents\ch5>python ri.py
試行回数nを入力してください:1000000
積分値I   0.785345     4I   3.14138
積分値I   0.785678     4I   3.142712
積分値I   0.785875     4I   3.1435
積分値I   0.785336     4I   3.141344
積分値I   0.785284     4I   3.141136
積分値I   0.785569     4I   3.142276
積分値I   0.784641     4I   3.138564
積分値I   0.785146     4I   3.140584
積分値I   0.78519     4I   3.14076
積分値I   0.784468     4I   3.137872
```

```
C:\Users\odaka\Documents\ch5>
```

ri.pyプログラムの構成を説明します。ri.pyプログラムでは、Pythonのrandomモジュールを用いて乱数を生成し、図5.3で説明した手続きに従って数値積分を行います。実行時には、1回の数値積分で発生する点の個数を指定します。数値積分は、異なる乱数の並びによって10回繰り返します。

ri.pyプログラムのメイン実行部では、初めに発生する点の個数についての処理を行います（17行目）。19行目では、random.seed()メソッドを用いて、乱数の初期値を設定します。21行目のfor文では、異なる乱数の並びによる10回の繰り返しを設定しています。

その後、24行目～28行目のfor文で、先に説明した手続きに従って数値積分を行います。その結果を31行目のprint()関数により出力します。

以上、同じ関数の数値積分を、台形公式と乱数に基づく方法で実行しました。台形公式は単純な公式ですが、前例のように被積分関数$f(x)$が連続でなめらかな関数であれば、分割数を増やすことで、それなりの精度を持った計算が可能です。これに対して乱数を用いた数値積分は、計算量が大きいにもかかわらず、精度は良くありません。乱数による数値積分は、被積分関数$f(x)$の性質が悪く他の数値積分法では計算が困難な場合に用いる、特殊な方法であると考えるべきでしょう。

5.2.2 乱数と最適化

乱数を使った計算手法の例として、組み合わせ最適化問題を解く方法を示します。組み合わせ最適化問題の典型例として、ここでは**ナップサック問題（knapsack problem）**を取り上げます。

ナップサック問題は、制限重量のあるナップサックに、価値と制限重量が決まっている複数の荷物を詰め込む問題です（**図5.4**）。

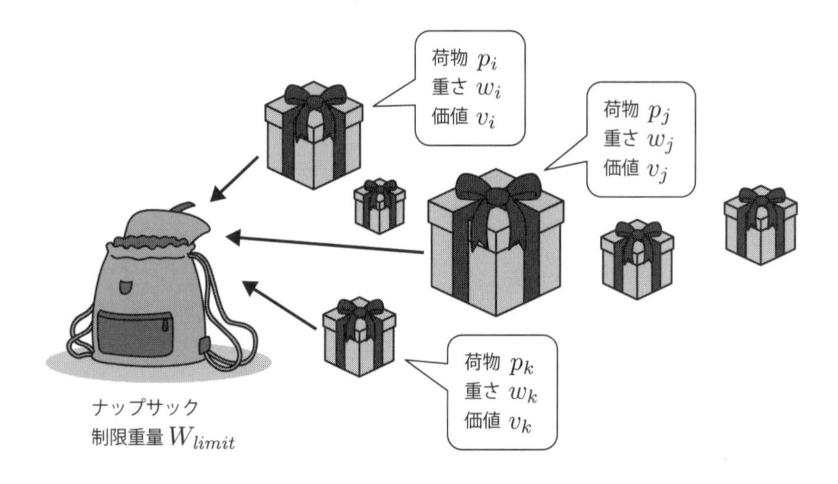

■図 5.4 ナップサック問題。荷物の合計重量$\sum w$が制限重量W_{limit}を超えることなく、なるべく荷物の価値の合計値$\sum v$が大きくなるように荷物を詰め合わせる

ナップサック問題では、ナップサックの制限重量を超えることなく、なるべく荷物の価値の合計値が大きくなるように荷物を詰めなければなりません。ある荷物のセットとナップサックに対して、価値が最大となる荷物の組み合わせを、**最適解（optimal solution）**あるいは**厳密解（exact solution）**と呼びます。

ナップサック問題は、荷物の組み合わせで最適解を求める、組み合わせ最適化問題の典型例です。簡単な例題を使って具体的に説明しましょう。今、10個の荷物が、**表5.1**のように与えられたとします。これらの中から荷物を選び、制限重量250以内で、価値を最大化することを考えます。

■表 5.1 ナップサック問題の例題（10 個の荷物、制限重量 250）

番号	1	2	3	4	5	6	7	8	9	10
重さ	87	66	70	25	33	24	89	63	23	54
価値	96	55	21	58	41	81	8	99	59	62

たとえば、1番から順に、番号順に荷物を詰めてみましょう。すると、**図5.5**のように、5個詰めたところで制限重量をオーバーしてしまいます。この方法では、1番から4番の荷物を詰めた時点で、価値の合計は230です。

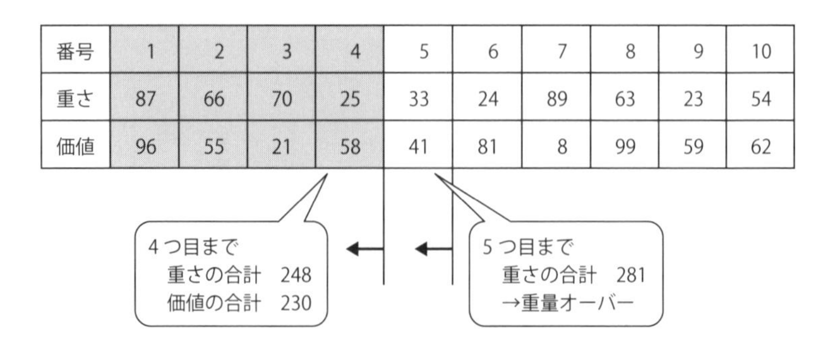

番号	1	2	3	4	5	6	7	8	9	10
重さ	87	66	70	25	33	24	89	63	23	54
価値	96	55	21	58	41	81	8	99	59	62

■図 5.5　荷物の詰め方の例①（表 5.1 の例題）

しかしこの詰め方は最適とは言えません。たとえば1番の荷物の代わりに、6番および8番の荷物を詰めれば、より高い価値を得ることができます（**図5.6**）。

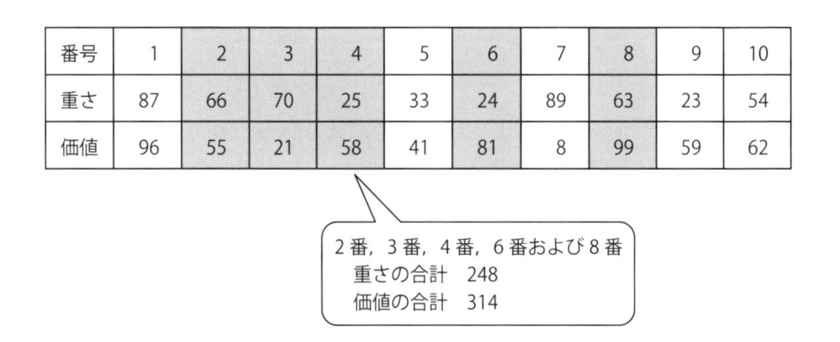

番号	1	2	3	4	5	6	7	8	9	10
重さ	87	66	70	25	33	24	89	63	23	54
価値	96	55	21	58	41	81	8	99	59	62

■図 5.6　荷物の詰め方の例②（表 5.1 の例題）

この問題の最適解は、4、5、6、8、9および10番の荷物を詰めるというものです。このときの重さの合計は222、価値の合計は400です（**図5.7**）。このことは、すべての荷物の組み合わせを確かめることで調べられます。

番号	1	2	3	4	5	6	7	8	9	10
重さ	87	66	70	25	33	24	89	63	23	54
価値	96	55	21	58	41	81	8	99	59	62

4，5，6，8，9および10番
重さの合計　222
価値の合計　400

■図 5.7　荷物の詰め方の例③（表 5.1 の例題の最適解）

ナップサック問題の最適解を解析的に求める方法は知られていないので、基本的には、最適解を求めるためにはすべての組み合わせを調べなければなりません。荷物の個数が1つ増えるごとに組み合わせの数が2倍になるので、力ずくの総あたり法では、荷物の数が数十程度までしか求めることができません。そこで探索の方法を工夫する手段として、一般に**動的計画法（dynamic programming）**や**分枝限定法（branch and bound method）**などが用いられます。

ここでは、最適解を求める代わりに、乱数を使って比較的優良な解を求めることを考えます。ナップサック問題の解は、どの荷物をナップサックに詰めるかによって表されます。そこで、乱数を使ってナップサックにランダムに荷物を詰め、その結果を評価します。これを繰り返すことで、制限重量を超えないで価値が最大となる荷物の組み合わせを探します。要するに適当にナップサックに荷物を詰めて、その結果を試すことで解を見つける、という方針です。

ランダムに荷物を詰めて評価するというアイデアに基づいたナップサック問題解法プログラムrkp.pyについて、構成方法を考えます。rkp.pyプログラムは、**表5.2**に示す入力を受け取ります。また計算の結果として、**表5.3**に示す項目を出力します。なお、荷物の個数や荷物の重さと価値のデータなどの、表5.2に示す項目以外の設定項目は、あらかじめソースコードに埋め込んでおくことにします。

■表 5.2　rkp.py プログラムの入力項目

項目名	説明
制限重量	ナップサックに詰めることのできる総重量
試行回数	1回の探索における乱数発生回数

■表5.3　rkp.py プログラムの出力項目

項目名	説明
価値の最大値	試行により発見された価値の最大値
解	上記最大値を得るための、荷物の詰め方。荷物を詰めるか否かを1または0で表現する

rkp.pyプログラムは、メイン実行部の他、実際に問題を解くためのsolvekp()関数や、solvekp()関数から呼び出される複数の下請けの関数で構成することにします。**表5.4**に、それぞれの関数の役割の説明を示します。

■表5.4　rkp.py プログラムを構成する関数

関数名	説明
solvekp()	乱数を用いて解を求める
rsetp()	乱数によって荷物を詰め合わせる
calcval()	評価値の計算
calcw()	重量の計算

以上に従って構成したrkp.pyプログラムのソースコードを**リスト5.5**に示します。また、**実行例5.5**に実行例を示します。

■リスト5.5　rkp.py プログラム

```
 1:# -*- coding: utf-8 -*-
 2:"""
 3:rkp.pyプログラム
 4:ナップサック問題をランダム探索で解くプログラム
 5:使い方　c:\>python rkp.py
 6:"""
 7:# モジュールのインポート
 8:import random
 9:
10:# グローバル変数
11:weights = [87, 66, 70, 25, 33, 24, 89, 63, 23, 54]  # 重さ
12:values = [96, 55, 21, 58, 41, 81, 8, 99, 59, 62]    # 価値
13:N = len(weights)  # 荷物の個数
14:SEED = 32767      # 乱数の種
15:R = 10            # 実験の繰り返し回数
16:
17:# 下請け関数の定義
```

```
18:# solvekp()関数
19:def solvekp(p, weightlimit, nlimit, N):
20:    """問題を解く"""
21:    maxvalue = 0  # 合計価値の最大値
22:    mweight = 0   # maxvalue時の重さ
23:    bestp = [0 for i in range(N)]
24:    for i in range(nlimit):
25:        rsetp(p, N)  # 乱数による荷物の詰め合わせ
26:        weight = calcw(p, N)
27:        if weight <= weightlimit:   # 制限重量以内
28:             value = calcval(p, N)  # 評価値の計算
29:        else:
30:             value = 0  # 重量オーバー
31:        if value > maxvalue:  # 最良解を更新
32:            maxvalue = value
33:            mweight = weight
34:            for j in range(N):
35:                bestp[j] = p[j]
36:    print(maxvalue, " ", mweight)
37:    print(bestp)
38:# solvekp()関数の終わり
39:
40:# calcw()関数
41:def calcw(p, N):
42:    """重量の計算"""
43:    w = 0
44:    for i in range(N):
45:        w += weights[i] * p[i]
46:    return w
47:# calcw()関数の終わり
48:
49:# calcval()関数
50:def calcval(p, N):
51:    """評価値の計算"""
52:    v = 0
53:    for i in range(N):
54:        v += values[i] * p[i]
55:    return v
56:# calcval()関数の終わり
```

```
57:
58:# rsetp()関数
59:def rsetp(p, N):
60:    """乱数による荷物の詰め合わせ"""
61:    for i in range(N):
62:        p[i] = int(random.random() * 2)
63:# rsetp()関数の終わり
64:
65:# メイン実行部
66:p = [0 for i in range(N)]  # 問題の答え
67:# 制限重量の入力
68:weightlimit = int(input("制限重量を入力してください:"))
69:# 試行回数の入力
70:nlimit = int(input("試行回数を入力してください:"))
71:# 乱数の初期化
72:random.seed(SEED)
73:# 問題を解く
74:# 実験の繰り返し
75:for i in range(R):
76:    solvekp(p, weightlimit, nlimit, N)
77:# rkp.pyの終わり
```

■実行例 5.5　rkp.py プログラムの実行例

```
C:\Users\odaka\Documents\ch5>python rkp.py
制限重量を入力してください:250
試行回数を入力してください:200
400   222
[0, 0, 0, 1, 1, 1, 0, 1, 1, 1]
338   168
[0, 0, 0, 1, 1, 1, 0, 1, 1, 0]
359   238
[0, 0, 1, 1, 1, 1, 0, 1, 1, 0]
376   230
[1, 0, 0, 0, 1, 1, 0, 1, 1, 0]
356   213
[1, 0, 0, 1, 0, 1, 0, 0, 1, 1]
393   222
[1, 0, 0, 1, 0, 1, 0, 1, 1, 0]
```

荷物の個数10個、200回の乱数生成による実験（10回の繰り返し）

たまたま厳密解（価値の合計400）も見つかっている

```
397    246
[1, 0, 0, 1, 1, 1, 0, 0, 1, 1]
393    222
[1, 0, 0, 1, 0, 1, 0, 1, 1, 0]
393    222
[1, 0, 0, 1, 0, 1, 0, 1, 1, 0]
397    246
[1, 0, 0, 1, 1, 1, 0, 0, 1, 1]
C:\Users\odaka\Documents\ch5>
```

実行例5.5は、先に表5.1に示した荷物10個を詰め合わせる例題についての実行例を示しています。200回の乱数生成による実験を10回繰り返すと、生成された乱数の系列によって、価値の合計が338から400の間で求まります。10個の荷物の詰め方は$2^{10}=1024$通りですから、200回の試行ではすべての解のうちの2割程度を調べていることになります。この程度の試行でもたまたま厳密解（400）が見つかることもありますし、そうでなくても比較的良好な解を見つけることができています。

rkp.pyの初期設定を変更し、荷物の個数を30個として実行した例を**実行例5.6**に示します。なお、変更後のソースコードであるrkp30.pyは付録A.3に掲載しています。

■実行例5.6　rkp30.py プログラムの実行例

```
C:\Users\odaka\Documents\ch5>python rkp30.py
制限重量を入力してください:750
試行回数を入力してください:10000
1083    735
[0, 0, 0, 1, 1, 1, 0, 1, 1, 1, 0, 1, 1, 0, 1, 0, 1, 1, 0, 0, 1, 1, 0, 0, 0, 1, 1, 0,
1, 1]
1119    691
[1, 0, 0, 1, 0, 1, 0, 1, 0, 1, 0, 1, 1, 0, 1, 0, 1, 0, 0, 0, 1, 1, 1, 0, 1, 1, 1, 0,
0, 1]
1083    730
[1, 0, 0, 0, 0, 1, 0, 1, 1, 1, 1, 1, 0, 1, 1, 0, 0, 0, 1, 0, 1, 1, 0, 0, 1, 1, 1, 0,
0, 0]
1122    727
[1, 1, 1, 1, 0, 1, 0, 1, 1, 0, 1, 1, 1, 0, 1, 0, 0, 0, 0, 0, 1, 1, 1, 0, 0, 1, 0, 0,
0, 1]
```

荷物の個数30個、1万回の乱数生成による実験（10回の繰り返し）

```
1133   750
[1, 1, 0, 0, 1, 1, 0, 1, 1, 1, 1, 1, 0, 0, 1, 0, 0, 0, 0, 0, 1, 1, 1, 0, 1, 0, 1, 0,
0, 1]
1136   730
[1, 0, 0, 1, 0, 1, 0, 1, 1, 0, 1, 1, 1, 0, 1, 0, 1, 0, 1, 0, 1, 1, 0, 0, 1, 1, 0, 1,
0, 1]
1125   731
[1, 0, 0, 0, 1, 1, 0, 0, 1, 1, 1, 1, 0, 0, 1, 0, 1, 0, 0, 1, 1, 1, 0, 0, 1, 1, 1, 1,
0, 1]
1121   697
[1, 0, 0, 0, 1, 1, 0, 1, 1, 1, 0, 1, 0, 1, 1, 0, 0, 0, 0, 0, 1, 1, 1, 0, 1, 1, 1, 0,
0, 1]
1093   750
[0, 1, 0, 1, 0, 1, 0, 1, 1, 1, 0, 1, 1, 0, 1, 1, 1, 0, 0, 1, 1, 1, 1, 0, 1, 1, 0, 0,
1, 1]
1083   720
[1, 0, 0, 1, 0, 1, 0, 1, 1, 1, 0, 1, 1, 0, 1, 0, 1, 0, 1, 0, 1, 0, 1, 0, 1, 1, 1, 0,
0, 1]


C:\Users\odaka\Documents\ch5>
```

実行例5.6の実行例では、1万回の乱数生成によって1083から1136の値が求まりました。全数探索によって求めた最適解は1257です。荷物の数が30個ということは、すべての解の組み合わせは$2^{30} \fallingdotseq 11$億通りですから、この例では解のごく一部を調べているに過ぎません。それにもかかわらず、1000以上の価値を持つ解を見つけられることがわかります。

これらの結果から、乱数による最適化においては、最良解が求まる保証はありませんが、まずまずの解を素早く求めることができることがわかります。

5.3 乱数を使ったシミュレーション

5.3.1 ランダムウォーク

乱数を直接的に応用したシミュレーションの例として、**ランダムウォーク**

(random walk) シミュレーションを取り上げます。ランダムウォークとは、進む方向や歩幅がランダムに決まる歩行で、**酔歩**とも呼ばれます。ランダムウォークは、物理現象のシミュレーションだけでなく、経済学における経済現象のモデル化などにも応用されています。

1次元のランダムウォークでは、乱数により決められた距離だけ、単位時刻ごとにx軸上を点が移動します。乱数の発生区間を正負とも含めれば、乱数の符号によって点は右や左に移動します。

2次元のランダムウォークでは、単位時間ごとに乱数の値を座標値に加算します。100ステップのランダムウォークの例を**図5.8**に示します。この図では、乱数を-1から1の範囲で生成しています。図は、生成された座標値を線で結んだものです。

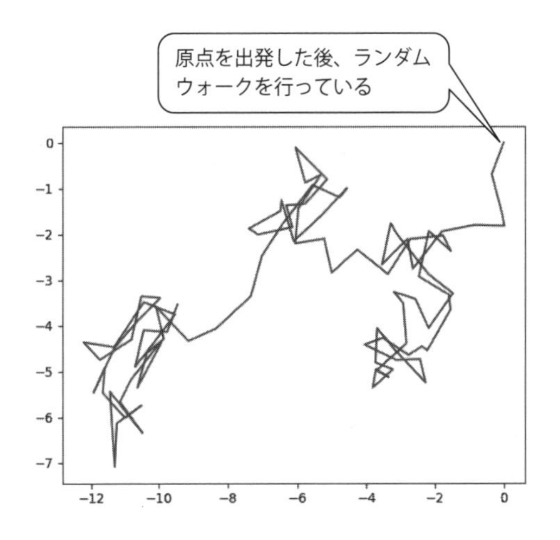

■図5.8 2次元のランダムウォークの例（100ステップ）

5.3.2 ランダムウォークシミュレーション

2次元のランダムウォークシミュレーションを行うプログラムである、randwalk.pyを作成しましょう。randwalk.pyプログラムは、原点$(0,0)$からスタートして、1ステップごとに区間$[-1,1]$の乱数を各座標に加えることで、ランダムウォークをシミュレートします。

randwalk.pyプログラムは、入力として、シミュレーションの打ち切りステップと、乱数の初期値を受け取ることにします。出力は、x座標とy座標の組とします。

以上の前提で構成したrandwalk.pyプログラムのソースコードを**リスト5.6**に示します。randwalk.pyプログラムの実行例を**実行例5.7**に示します。

■リスト5.6　randwalk.py プログラム

```
 1:# -*- coding: utf-8 -*-
 2:"""
 3:randwalk.pyプログラム
 4:ランダムウォークシミュレーション
 5:擬似乱数を使って2次元平面を酔歩する
 6:使い方　c:\>python randwalk.py
 7:"""
 8:# モジュールのインポート
 9:import random
10:
11:# メイン実行部
12:# 試行回数nの初期化
13:n = int(input("試行回数nを入力してください:"))
14:# 乱数の初期化
15:seed = int(input("乱数の種を入力してください:"))
16:random.seed(seed)
17:
18:# ランダムウォーク
19:x = 0.0
20:y = 0.0
21:for i in range(n):
22:    x += (random.random() - 0.5) * 2
23:    y += (random.random() - 0.5) * 2
24:    print("{:.7f} {:.7f}".format(x, y))  # 位置
25:# randwalk.pyの終わり
```

■実行例5.7　randwalk.py プログラムの実行例

```
C:\Users\odaka\Documents\ch5>python randwalk.py
試行回数nを入力してください:1000
乱数の種を入力してください:1
-0.7312715 0.6948675
-0.2037223 0.2050055
-0.2128521 0.1039877
0.0903338 0.6814344
```

```
-0.7219470 -0.2618707
-0.0504168 -0.3963366   x座標とy座標の組を出力
0.4741434 -1.3921244
0.3649178 -0.9490444
-0.1775578 -0.0585030
0.6252971 -0.9973230
  (以下、出力が続く)
```

randwalk.pyプログラムの実行結果を可視化するプログラムであるgrandwalk.pyを**リスト5.7**に示します。

■リスト5.7　grandwalk.pyプログラム

```
 1:# -*- coding: utf-8 -*-
 2:"""
 3:grandwalk.pyプログラム
 4:ランダムウォークシミュレーション
 5:擬似乱数を使って2次元平面を酔歩する
 6:matplotlibによるグラフ描画機能付き
 7:使い方  c:\>python grandwalk.py
 8:"""
 9:# モジュールのインポート
10:import random
11:import numpy as np
12:import matplotlib.pyplot as plt
13:
14:# メイン実行部
15:# 試行回数nの初期化
16:n = int(input("試行回数nを入力してください:"))
17:# 乱数の初期化
18:seed = int(input("乱数の種を入力してください:"))
19:random.seed(seed)
20:x = 0.0
21:y = 0.0
22:# グラフ描画の準備
23:xlist = [x]  # x座標
24:ylist = [y]  # y座標
25:# ランダムウォーク
26:for i in range(n):
```

```
27:     x += (random.random() - 0.5) * 2
28:     y += (random.random() - 0.5) * 2
29:     print("{:.7f} {:.7f}".format(x, y))  # 位置
30:     xlist.append(x)
31:     ylist.append(y)
32:
33:# グラフの表示
34:plt.plot(xlist, ylist)  # グラフをプロット
35:plt.show()
36:# grandwalk.pyの終わり
```

grandwalk.pyプログラムの実行例を**図5.9**に示します。(1)と(2)は異なる乱数の種に対する結果であり、グラフの形状が大きく異なっています。

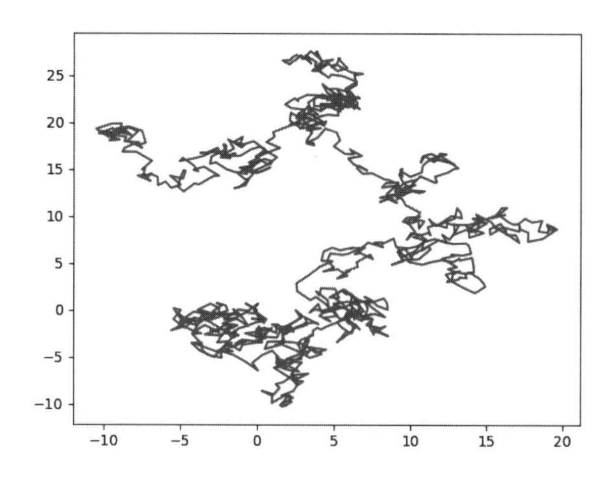

(1)　リスト5.7の実行例のグラフ化（試行回数1000回、乱数の種1）

■図5.9　grandwalk.pyプログラムの実行例

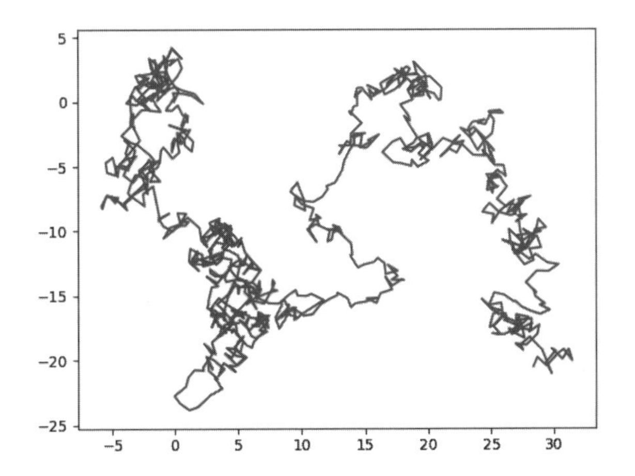

(2) 異なる乱数の種による実行例のグラフ化（試行回数1000回、乱数の種32767）

■図5.9　grandwalk.py プログラムの実行例（つづき）

5.4 Pythonモジュールの活用

本章の最後に、本章で扱った話題に関連するPythonモジュールの活用例を示します。本章では、数値積分の例としてtrape.pyプログラムを作成しました。しかし、Pythonには簡単に数値積分を行うモジュールも用意されています。

リスト5.8に、trape.pyプログラムと同様の数値積分を行うプログラムである、scipytrape.pyを示します。また、scipytrape.pyプログラムの実行結果を**実行例5.8**に示します。

■リスト5.8　scipytrape.py プログラム

```
1:# -*- coding: utf-8 -*-
2:"""
3:scipytrape.pyプログラム
4:数値積分プログラム
5:scipyモジュールを使って数値積分を行う
6:使い方　c:\>python scipytrape.py
7:"""
8:# モジュールのインポート
```

```
 9:import math
10:import numpy as np
11:from scipy import integrate
12:
13:# 下請け関数の定義
14:# fx()関数
15:def fx(x):
16:    """積分対象の関数"""
17:    return math.sqrt(1.0 - x * x)
18:# fx()関数の終わり
19:
20:# メイン実行部
21:# 積分値の計算
22:integral = (integrate.quad(fx, 0, 1))[0]  # 計算結果のみ取り出す
23:# 結果の出力
24:print("積分値I  ", integral, "    4I  ", 4 * integral)
25:# scipytrape.pyの終わり
```

■実行例5.8 scipytrape.pyプログラムの実行結果

```
C:\Users\odaka\Documents\ch5>python scipytrape.py
積分値I   0.785398163397448      4I   3.141592653589792

C:\Users\odaka\Documents\ch5>
```

scipytrape.pyプログラムでは、scipyモジュールを利用しています。scipyモジュールは第2章でも微分方程式の計算に利用しましたが、ここでは数値積分の機能を利用しています。scipyモジュールによる数値積分は、22行目にある以下の記述のみで実行することができます。

```
22:integral = (integrate.quad(fx, 0, 1))[0]  # 計算結果のみ取り出す
```

ここで、fxは積分対象の関数であり、プログラムの15行目からその定義が記述されています。

このようにPythonでは、適切なモジュールを選択することで、簡単にプログラムを記述できます。

章末問題

(1) ある擬似乱数が乱数として役に立つかどうかを調べるには、乱数の**検定**を行わなければなりません。本章で扱った一様乱数については、乱数の値の出現頻度が本当に一様であるかどうかを検定する方法があります。この検定には、統計的な検定手法であるカイ二乗検定がよく用いられます。一様性以外にも、乱数系列の相関性を調べるなど、乱数の検定方法にはさまざまな手法が提案されています。そこで、乱数の検定手法について調査してみてください。

(2) 本文では数値積分の公式として台形公式を示しました。台形公式は1次の近似ですが、付録A.4には、2次の近似に基づく**シンプソンの公式（Simpson's rule）**を示しました。付録A.4に従って、シンプソンの公式を用いたプログラムを作成してください。

(3) ナップサック問題を解くためには、基本的にはすべての荷物の組み合わせを調べて、制限重量以内で価値が最大となる組み合わせを見つける必要があります。そこで、すべての荷物の組み合わせを調べるプログラムを作成してください。また、より高速な探索手法である動的計画法や分枝限定法についても試してみてください。

第6章

エージェントベースのシミュレーション

本章では、エージェントに基づくシミュレーションの方法を紹介します。エージェントの考え方は、これまで示したさまざまなシミュレーション技術を統合できるものであり、シミュレーションのプログラミングに大変有効です。ここでは、Pythonでエージェントシミュレーションを実現する方法について、実例を示して説明します。

6.1 エージェントとは

6.1.1 エージェントの考え方

エージェントシミュレーションにおける**エージェント（agent）**は、内部状態を持っていて、外界とやり取りできるプログラムです（**図6.1**）。ここで外界とは、エージェントの置かれた環境であったり、同じ環境内にいる他のエージェントであったりします。一般にエージェントは、あらかじめ与えられた情報に基づいて、自律的に処理を進めることができます。

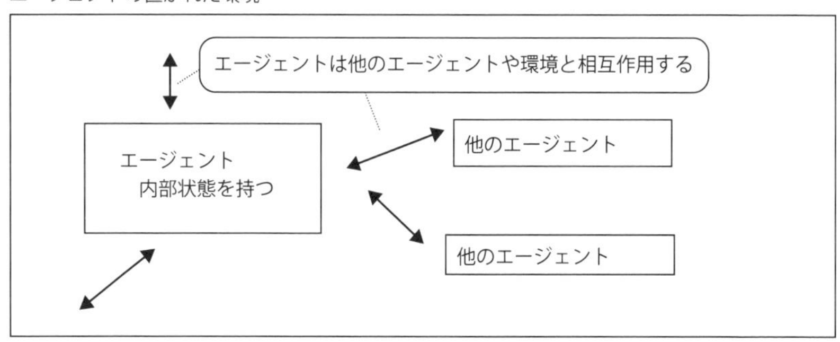

■図6.1　エージェント：内部状態を持っていて、外界とやり取りできるプログラム

エージェントの考え方は、たとえばネットワークプログラミングの世界で用いられています。具体例として、受信したメールを自律的に検査し、必要性を判断した上でユーザに提示するエージェントや、ネットワーク上で与えられた条件に従って自律的に情報検索を行うエージェントなどがあります。

これらのエージェントは、ネットワークという外界と相互作用しながら、自律的に情報処理を行います。この場合のエージェントは、ネットワーク環境の中で活動する、ソフトウェア製のロボットのような存在です。

エージェントの考え方は、シミュレーションの世界でも有用です。プログラムにより仮想世界を構築し、その中でソフトウェア製のロボットであるエージェントを動かすことで、さまざまなシミュレーションを行うことができます。特に、複数のエージェントを同一環境内で動作させる、**マルチエージェント（multi agent）**の枠組みを用いると、大勢の人間の挙動や動物の群れの様相など、物理的シミュレーションだけでは再現の難しい社会現象や集団の挙動などをシミュレートすることが可能です。

6.1.2　Pythonによるエージェントシミュレーションの実現

次に、Pythonを用いてエージェントシミュレーションを行う方法について考えます。シミュレーション対象として、2次元平面を移動する複数のエージェントを考えます。エージェントは内部状態を持っており、環境や他のエージェントと相互作用できるようにしましょう（**図6.2**）。

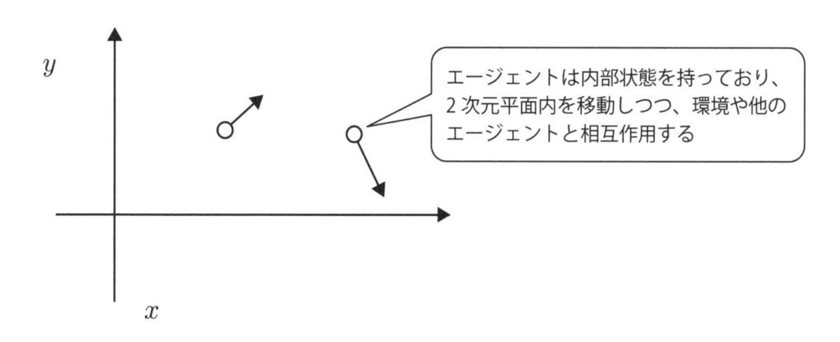

■図6.2　2次元平面を移動するエージェントのシミュレーション

初めに、内部状態を持った1つのエージェントが平面上を運動する、シングルエージェントシミュレーションを行います。エージェントに関する情報として、エージェントの存在する座標や、エージェントの行動を決定する行動プログラム、また、エージェントの内部状態を記述した情報などが必要となります。そこで、これらの情報をオブジェクトとして定義することにします。**図6.3**に、エージェントの情報を格納するAgentクラスの内部構造を示します。

Agent クラス

インスタンス変数

名称	役割
category	エージェントのカテゴリ
x, y	エージェントの x 座標および y 座標
dx, dy	各座標の増分の初期値

メソッド

名称	役割
__init__()	コンストラクタ（初期値の設定）
calcnext()	次時刻の状態の計算
cat0()	カテゴリ 0 の計算メソッド
reverse()	cat0() 関数の下請け関数
putstate()	エージェントの状態の出力

■図 6.3　エージェントの情報を格納する Agent クラスの内部構造

図6.3で、インスタンス変数のcategoryはエージェントの種類を表し、この値によってエージェントを制御する関数を切り替えることにします。xおよびyは、エージェントの位置座標を格納します。dxとdyは、各座標の増分の初期値を記憶するための変数です。

プログラムでは、後のマルチエージェントへの拡張を考えて、複数のエージェントの情報を保持できるように、Agentクラスのリストa[]を用意します。リストa[]の各要素は、各エージェントを表しているとみなせます。ただし、最初はマルチエージェントではなく、以下のようにエージェントを1つだけ生成して、シングルエージェントのシミュレーションを行います。

```
a = [Agent(0)]   # カテゴリ0のエージェントを生成
```

エージェントは、時刻に従って状態が変化します。その更新の方法は、これまでのシミュレーションで行ってきた方法と同様で、for文などを使って時刻を管理する変数を更新します。**図6.4**に、時刻更新の繰り返しを示します。

図6.4において、calcn()関数は、システムに存在するすべてのエージェントの更

新を行うための下請け関数であり、マルチエージェントシミュレーションに対応するための関数です。ただし、最初に考えるシングルエージェントシミュレーションプログラムの場合には、単にcalcnext()メソッドとputstat()メソッドを1回ずつ呼び出すだけの、あまり意味を持たない関数です。

```
# エージェントシミュレーション
for t in range(TIMELIMIT):
    calcn(a)  # 次時刻の状態を計算
```

(1) メイン実行部における次時刻の状態更新計算（時刻ごとにcalcn()関数を呼び出す）

```
# 下請け関数の定義
# calcn()関数
def calcn(a):
    """次時刻の状態を計算"""
    for i in range(len(a)):
        a[i].calcnext()
        a[i].putstate()
#calcn()関数の終わり
```

(2) calcn()関数内での処理（各エージェントについてcalcnext()メソッドとputstate()メソッドを呼び出す）

■図6.4　エージェントシミュレーションにおける、時刻ごと更新の繰り返し

calcnext()メソッドは、カテゴリごとに指定されたメソッドに従って、エージェントの状態の更新を行います。calcnext()メソッドの処理は、おおむね**リスト6.1**のようになります。図中のcat0()メソッドやcat1()メソッドは、それぞれの処理を担当するメソッドです。

■リスト6.1　calcnext()メソッドの処理の概略

```
if self.category == 0:
    self.cat0()  # カテゴリ0の計算
elif self.category == 1:
    self.cat1()  # カテゴリ1の計算
  (以下、カテゴリの種類だけelse ifの連鎖が続く)
```

```
else:  # 合致するカテゴリがない
    print("ERROR カテゴリがありません\n")
```

後は、エージェントの具体的な行動を、カテゴリごとにcat0()メソッドやcat1()メソッドに記述することで、エージェントシミュレーションのプログラムができあがります。

以上の準備に従って、1つのエージェントが平面内を運動するシミュレーションプログラムsa0.pyを作成します。sa0.pyプログラムのエージェントは、原点からジグザグに座標の右上に向かって運動するよう設定します。このためには、エージェントの内部状態である属性値dxおよびdyに、x軸およびy軸方向の速度を保存し、この値を使って次の時刻の座標値を計算します。また、速度を1時刻ずつ変更することで、ジグザグ運動を実現します。

以上の準備をもとに構成したsa0.pyプログラムを、**リスト6.2**に示します。また実行結果を**実行例6.1**に示します。

■リスト6.2　sa0.py プログラム

```
 1:# -*- coding: utf-8 -*-
 2:"""
 3:sa0.pyプログラム
 4:シンプルなエージェントシミュレーション
 5:2次元平面内で動作するエージェント
 6:使い方  c:\>python sa0.py
 7:"""
 8:# 定数
 9:TIMELIMIT = 100  # シミュレーション打ち切り時刻
10:
11:# クラス定義
12:# Agentクラス
13:class Agent:
14:    """エージェントを表現するクラスの定義"""
15:    def __init__(self, cat):  # コンストラクタ
16:        self.category = cat
17:        self.x = 0   # x座標の初期値
18:        self.y = 0   # y座標の初期値
19:        self.dx = 0  # x座標の増分の初期値
20:        self.dy = 1  # y座標の増分の初期値
21:    def calcnext(self):  # 次時刻の状態の計算
```

```
22:         if self.category == 0:
23:             self.cat0()  # カテゴリ0の計算
24:         else:  # 合致するカテゴリがない
25:             print("ERROR カテゴリがありません\n")
26:     def cat0(self):  # カテゴリ0の計算メソッド
27:         # 内部状態の更新
28:         self.dx = self.reverse(self.dx)
29:         self.dy = self.reverse(self.dy)
30:         # 内部状態によって次の座標を決定
31:         self.x += self.dx
32:         self.y += self.dy
33:     def reverse(self, i):  # cat0()関数の下請け関数
34:         if i == 0:
35:             return 1
36:         else:
37:             return 0
38:     def putstate(self):  # 状態の出力
39:         print(self.x, self.y)
40:# agentクラスの定義の終わり
41:
42:# 下請け関数の定義
43:# calcn()関数
44:def calcn(a):
45:     """次時刻の状態を計算"""
46:     for i in range(len(a)):
47:         a[i].calcnext()
48:         a[i].putstate()
49:# calcn()関数の終わり
50:
51:# メイン実行部
52:# 初期化
53:a = [Agent(0)]  # カテゴリ0のエージェントを生成
54:a[0].putstate()
55:
56:# エージェントシミュレーション
57:for t in range(TIMELIMIT):
58:     calcn(a)  # 次時刻の状態を計算
59:# sa0.pyの終わり
```

■実行例 6.1　sa0.py プログラムの実行例

```
C:\Users\odaka\Documents\ch6>python sa0.py
0 0
1 0
1 1
2 1
2 2
3 2
3 3
4 3
4 4
　（以下、出力が続く）
```

時刻tに従ってエージェントの座標が更新されている

実行例6.1の実行結果をグラフ化するプログラムであるgsa0.pyを、**リスト6.3**に示します。また、実行結果の出力例を**図6.5**に示します。gsa0.pyプログラムを実行すると、原点からエージェントがジグザグに進む様子を観測できます。

■リスト 6.3　gsa0.py プログラム

```
 1:# -*- coding: utf-8 -*-
 2:"""
 3:gsa0.pyプログラム
 4:シンプルなエージェントシミュレーション
 5:2次元平面内で動作するエージェント
 6:結果をグラフ描画する
 7:使い方　c:\>python gsa0.py
 8:"""
 9:# モジュールのインポート
10:import numpy as np
11:import matplotlib.pyplot as plt
12:
13:# 定数
14:TIMELIMIT = 100  # シミュレーション打ち切り時刻
15:
16:# クラス定義
17:# Agentクラス
18:class Agent:
19:    """エージェントを表現するクラスの定義"""
20:    def __init__(self, cat):  # コンストラクタ
21:        self.category = cat
```

```
22:         self.x = 0   # x座標の初期値
23:         self.y = 0   # y座標の初期値
24:         self.dx = 0  # x座標の増分の初期値
25:         self.dy = 1  # y座標の増分の初期値
26:     def calcnext(self):  # 次時刻の状態の計算
27:         if self.category == 0:
28:             self.cat0()  # カテゴリ0の計算
29:         else:  # 合致するカテゴリがない
30:             print("ERROR カテゴリがありません\n")
31:     def cat0(self):  # カテゴリ0の計算メソッド
32:         # 内部状態の更新
33:         self.dx = self.reverse(self.dx)
34:         self.dy = self.reverse(self.dy)
35:         # 内部状態によって次の座標を決定
36:         self.x += self.dx
37:         self.y += self.dy
38:     def reverse(self, i):  # cat0()関数の下請け関数
39:         if i == 0:
40:             return 1
41:         else:
42:             return 0
43:     def putstate(self):  # 状態の出力
44:         print(self.x, self.y)
45:# agentクラスの定義の終わり
46:
47:# 下請け関数の定義
48:# calcn()関数
49:def calcn(a):
50:     """次時刻の状態を計算"""
51:     for i in range(len(a)):
52:         a[i].calcnext()
53:         a[i].putstate()
54:         # グラフデータに現在位置を追加
55:         xlist.append(a[i].x)
56:         ylist.append(a[i].y)
57:# calcn()関数の終わり
58:
59:# メイン実行部
60:# 初期化
```

```
61:a = [Agent(0)]   # カテゴリ0のエージェントを生成
62:
63:# グラフデータの初期化
64:xlist = []
65:ylist = []
66:# エージェントシミュレーション
67:for t in range(TIMELIMIT):
68:    calcn(a)  # 次時刻の状態を計算
69:    # グラフの表示
70:    plt.clf()  # グラフ領域のクリア
71:    plt.axis([0, 60, 0, 60])  # 描画領域の設定
72:    plt.plot(xlist, ylist, ".")  # グラフをプロット
73:    plt.pause(0.01)
74:    xlist.clear()
75:    ylist.clear()
76:plt.show()
77:# gsa0.pyの終わり
```

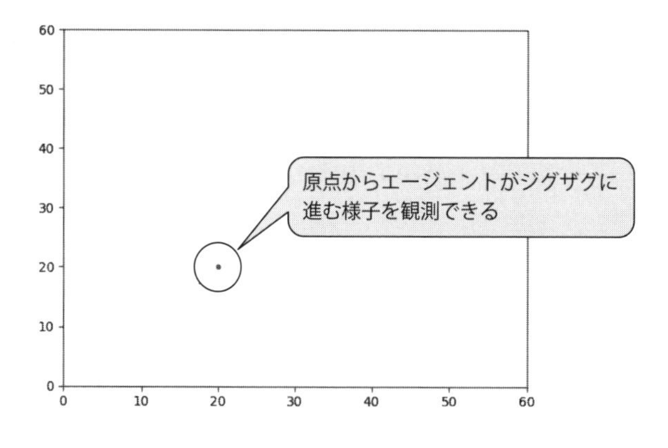

■図 6.5　gsa0.py プログラムの出力例

6.1.3　マルチエージェントへの拡張

sa0.py プログラムを拡張して、複数のエージェントが動作するマルチエージェントのプログラムを作成しましょう。このプログラムを、sa1.py と名付けます。

sa1.py プログラムでは、複数のエージェントにランダムウォークをさせてみます。sa0.py プログラムからの変更点は、マルチエージェント化のためのメイン実行

部の変更と、cat0()関数の変更です。

まず、N個のエージェントを生成するために、エージェントの初期化部分を次のように変更します。

```
a = [Agent(0)]  # カテゴリ0のエージェントを生成
        ↓マルチエージェント化
a = [Agent(0) for i in range(N)]  # カテゴリ0のエージェントを生成
```

sa1.pyプログラムのcat0()関数では、次の時刻のエージェントの位置を、次のように乱数で決定します。

```
# 次の座標を乱数によって決定
self.x += (random.random() - 0.5) * 2
self.y += (random.random() - 0.5) * 2
```

以上の変更を加えたsa1.pyプログラムを**リスト6.4**に示します。また実行例を**実行例6.2**に示します。

■リスト6.4 sa1.pyプログラム

```
 1:# -*- coding: utf-8 -*-
 2:"""
 3:sa1.pyプログラム
 4:シンプルなエージェントシミュレーション
 5:2次元平面内で動作するエージェント群
 6:複数のエージェントがランダムウォークする
 7:使い方  c:\>python sa1.py
 8:"""
 9:# モジュールのインポート
10:import random
11:
12:# 定数
13:N = 30              # エージェントの個数
14:TIMELIMIT = 100     # シミュレーション打ち切り時刻
15:SEED = 65535        # 乱数の種
16:
17:# クラス定義
18:# Agentクラス
```

```
19:class Agent:
20:    """エージェントを表現するクラスの定義"""
21:    def __init__(self, cat):  # コンストラクタ
22:        self.category = cat
23:        self.x = 0  # x座標の初期値
24:        self.y = 0  # y座標の初期値
25:    def calcnext(self):  # 次時刻の状態の計算
26:        if self.category == 0:
27:            self.cat0()  # カテゴリ0の計算
28:        else:  # 合致するカテゴリがない
29:            print("ERROR カテゴリがありません\n")
30:    def cat0(self):  # カテゴリ0の計算メソッド
31:        # 次の座標を乱数によって決定
32:        self.x += (random.random() - 0.5)  * 2
33:        self.y += (random.random() - 0.5) * 2
34:    def putstate(self):  # 状態の出力
35:        print(self.x, self.y)
36:# agentクラスの定義の終わり
37:
38:# 下請け関数の定義
39:# calcn()関数
40:def calcn(a):
41:    """次時刻の状態を計算"""
42:    for i in range(len(a)):
43:        a[i].calcnext()
44:        a[i].putstate()
45:# calcn()関数の終わり
46:
47:# メイン実行部
48:# 初期化
49:random.seed(SEED)  # 乱数の初期化
50:a = [Agent(0) for i in range(N)]  # カテゴリ0のエージェントを生成
51:
52:# エージェントシミュレーション
53:for t in range(TIMELIMIT):
54:    print("t=", t)
55:    calcn(a)  # 次時刻の状態を計算
56:# sa1.pyの終わり
```

■実行例 6.2　sa1.py プログラムの実行例

```
C:\Users\odaka\Documents\ch6>python sa1.py
t= 0
-0.925906767990863 0.688672770156115
-0.11911403043792945 -0.7491565189152196
0.8469865864702797 -0.16326242750044173
-0.7761904998208176 -0.365953145559027
-0.0959230259709527 -0.2929600721894223
   （途中省略）
t= 1
-1.1961509665596552 -0.23203894921806034
-0.5655250731527897 -0.9554404850257294
0.2678301317540923 -0.1282270911225225
-0.3490908519571796 -0.08317308383196753
0.24293516840357543 -1.1367804944009572
-0.9569516871831183 1.1727538559230923
0.3990368788875376 -0.5512756885619088
1.0082027074383586 0.042028337241336144
-0.7777342764468549 0.5025087941743323
-0.5090540826319332 0.7487430246115707
   （以下、出力が続く）
```

実行例6.2の実行結果をグラフ化するプログラムであるgsa1.pyを、**リスト6.5**に示します。また、実行結果の出力例を**図6.6**に示します。gsa1.pyプログラムを実行すると、複数のエージェントがランダムに移動する様子を観測できます。

■リスト 6.5　gsa1.py プログラム

```
 1:# -*- coding: utf-8 -*-
 2:"""
 3:gsa1.pyプログラム
 4:シンプルなエージェントシミュレーション
 5:2次元平面内で動作するエージェント群
 6:複数のエージェントがランダムウォークする
 7:結果をグラフ描画する
 8:使い方　c:\>python gsa1.py
 9:"""
10:# モジュールのインポート
11:import random
```

```
12:import numpy as np
13:import matplotlib.pyplot as plt
14:
15:# 定数
16:N = 30             # エージェントの個数
17:TIMELIMIT = 100  # シミュレーション打ち切り時刻
18:SEED = 65535      # 乱数の種
19:
20:# クラス定義
21:# Agentクラス
22:class Agent:
23:    """エージェントを表現するクラスの定義"""
24:    def __init__(self, cat):  # コンストラクタ
25:        self.category = cat
26:        self.x = 0  # x座標の初期値
27:        self.y = 0  # y座標の初期値
28:    def calcnext(self):  # 次時刻の状態の計算
29:        if self.category == 0:
30:            self.cat0()  # カテゴリ0の計算
31:        else:  # 合致するカテゴリがない
32:            print("ERROR カテゴリがありません\n")
33:    def cat0(self):  # カテゴリ0の計算メソッド
34:        # 次の座標を乱数によって決定
35:        self.x += (random.random() - 0.5) * 2
36:        self.y += (random.random() - 0.5) * 2
37:    def putstate(self):  # 状態の出力
38:        print(self.x, self.y)
39:# agentクラスの定義の終わり
40:
41:# 下請け関数の定義
42:# calcn()関数
43:def calcn(a):
44:    """次時刻の状態を計算"""
45:    for i in range(len(a)):
46:        a[i].calcnext()
47:        # グラフデータに現在位置を追加
48:        xlist.append(a[i].x)
49:        ylist.append(a[i].y)
50:# calcn()関数の終わり
```

```
51:
52:# メイン実行部
53:# 初期化
54:random.seed(SEED)  # 乱数の初期化
55:a = [Agent(0) for i in range(N)]  # カテゴリ0のエージェントを生成
56:
57:# グラフデータの初期化
58:xlist = []
59:ylist = []
60:# エージェントシミュレーション
61:for t in range(TIMELIMIT):
62:    calcn(a)  # 次時刻の状態を計算
63:    # グラフの表示
64:    plt.clf()  # グラフ領域のクリア
65:    plt.axis([-20, 20, -20, 20])  # 描画領域の設定
66:    plt.plot(xlist, ylist, ".")  # グラフをプロット
67:    plt.pause(0.01)
68:    xlist.clear()
69:    ylist.clear()
70:plt.show()
71:# gsa1.pyの終わり
```

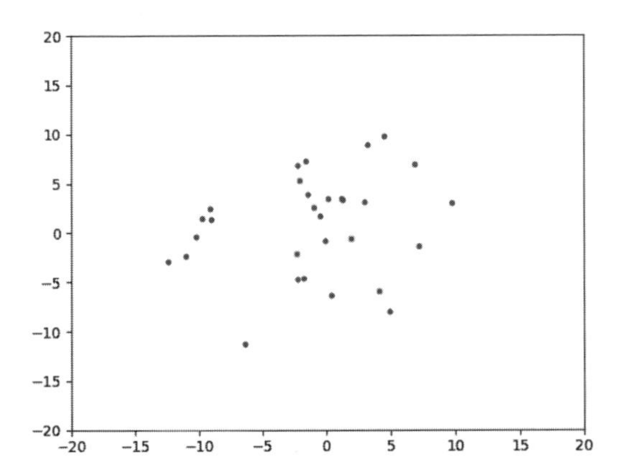

■図 6.6　gsa1.py プログラムによる画面出力例：複数のエージェントがランダムに移動する

6.1.4 相互作用するマルチエージェント

マルチエージェントシミュレーションではエージェント同士の相互作用が重要です。そこで、sa1.pyプログラムを改造して、エージェントと他のエージェントとの相互作用のシミュレーションを行いましょう。

具体的には、エージェントを2種類に分けることにします。1つは、sa1.pyプログラムでシミュレートしたような、ランダムウォークを行うエージェントArです。もう1つは、平面の右上に向けて移動する、sa0.pyプログラムでシミュレートしたような単純なエージェントAsです。この2種類のエージェントを同じ平面上で動作させます。

両者の相互作用として、ランダムウォークエージェントArが直進エージェントAsと一定距離以内に接近すると、Arはランダムウォークをやめて、Asと同じように直進し始めることにします。つまり、ArがAsに近づくと、ArがAsに変身してしまいます（**図6.7**）。

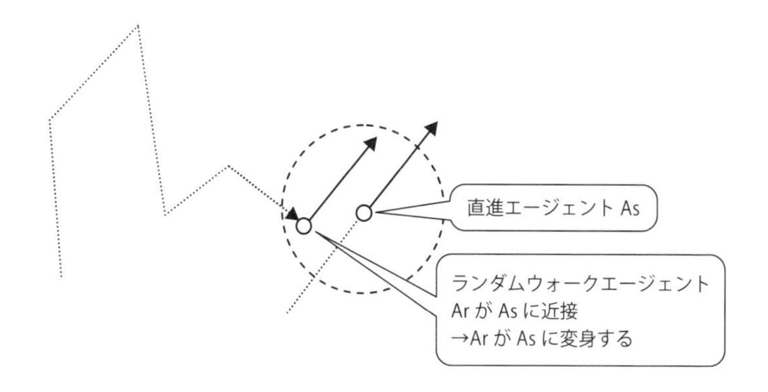

■図6.7　ランダムウォークエージェントArが直進エージェントAsと一定以内に接近すると、ArがAsに変身する

2種類のエージェントが相互作用するプログラムsa2.pyは、sa1.pyプログラムと大きな違いはありません。基本的には、エージェントの各カテゴリの動作処理を行う関数であるcat0()関数とcat1()関数を、上記の説明に合致するように作成するだけです。sa2.pyプログラムのソースコードを**リスト6.6**に示します。また実行例を**実行例6.3**に示します。

■リスト 6.6　2 種類のエージェントが相互作用する：sa2.py プログラム

```
 1:# -*- coding: utf-8 -*-
 2:"""
 3:sa2.pyプログラム
 4:シンプルなエージェントシミュレーション
 5:2次元平面内で動作するエージェント群
 6:2種類のエージェントが相互作用する
 7:使い方  c:\>python sa2.py
 8:"""
 9:# モジュールのインポート
10:import random
11:
12:# 定数
13:N = 30           # エージェントの個数
14:TIMELIMIT = 100  # シミュレーション打ち切り時刻
15:SEED = 65535     # 乱数の種
16:R = 0.1          # 近隣を規定する数値
17:DX = 0.1         # カテゴリ1のエージェントの速度
18:DY = 0.1         # カテゴリ1のエージェントの速度
19:
20:# クラス定義
21:# Agentクラス
22:class Agent:
23:    """エージェントを表現するクラスの定義"""
24:    def __init__(self, cat):  # コンストラクタ
25:        self.category = cat
26:        self.x = 0  # x座標の初期値
27:        self.y = 0  # y座標の初期値
28:    def calcnext(self):  # 次時刻の状態の計算
29:        if self.category == 0:
30:            self.cat0()  # カテゴリ0の計算
31:        elif self.category == 1:
32:            self.cat1()  # カテゴリ1の計算
33:        else:  # 合致するカテゴリがない
34:            print("ERROR カテゴリがありません\n")
35:    def cat0(self):  # カテゴリ0の計算メソッド
36:        # カテゴリ1のエージェントとの距離を調べる
37:        for i in range(len(a)):
38:            if a[i].category == 1:
```

```
39:                 c0x = self.x
40:                 c0y = self.y
41:                 ax = a[i].x
42:                 ay = a[i].y
43:                 if ((c0x - ax) * (c0x - ax) + (c0y - ay) * (c0y - ay)) < R:
44:                 # 隣接してカテゴリ1のエージェントがいる
45:                     self.category = 1  # カテゴリ1に変身
46:             else:  # カテゴリ1は近隣にはいない
47:                 self.x += random.random() - 0.5
48:                 self.y += random.random() - 0.5
49:
50:     def cat1(self):  # カテゴリ1の計算メソッド
51:         self.x += DX
52:         self.y += DY
53:     def putstate(self):  # 状態の出力
54:         print(self.category, self.x, self.y)
55:# agentクラスの定義の終わり
56:
57:# 下請け関数の定義
58:# calcn()関数
59:def calcn(a):
60:     """次時刻の状態を計算"""
61:     for i in range(len(a)):
62:         a[i].calcnext()
63:         a[i].putstate()
64:# calcn()関数の終わり
65:
66:# メイン実行部
67:# 初期化
68:random.seed(SEED)  # 乱数の初期化
69:# カテゴリ0のエージェントの生成
70:a = [Agent(0) for i in range(N)]
71:# カテゴリ1のエージェントの設定
72:a[0].category = 1
73:a[0].x = -2
74:a[0].y = -2
75:
76:# エージェントシミュレーション
77:for t in range(TIMELIMIT):
```

```
78:     print("t=", t)
79:     calcn(a)  # 次時刻の状態を計算
80:# sa2.pyの終わり
```

■実行例 6.3　sa2.py プログラムの実行例

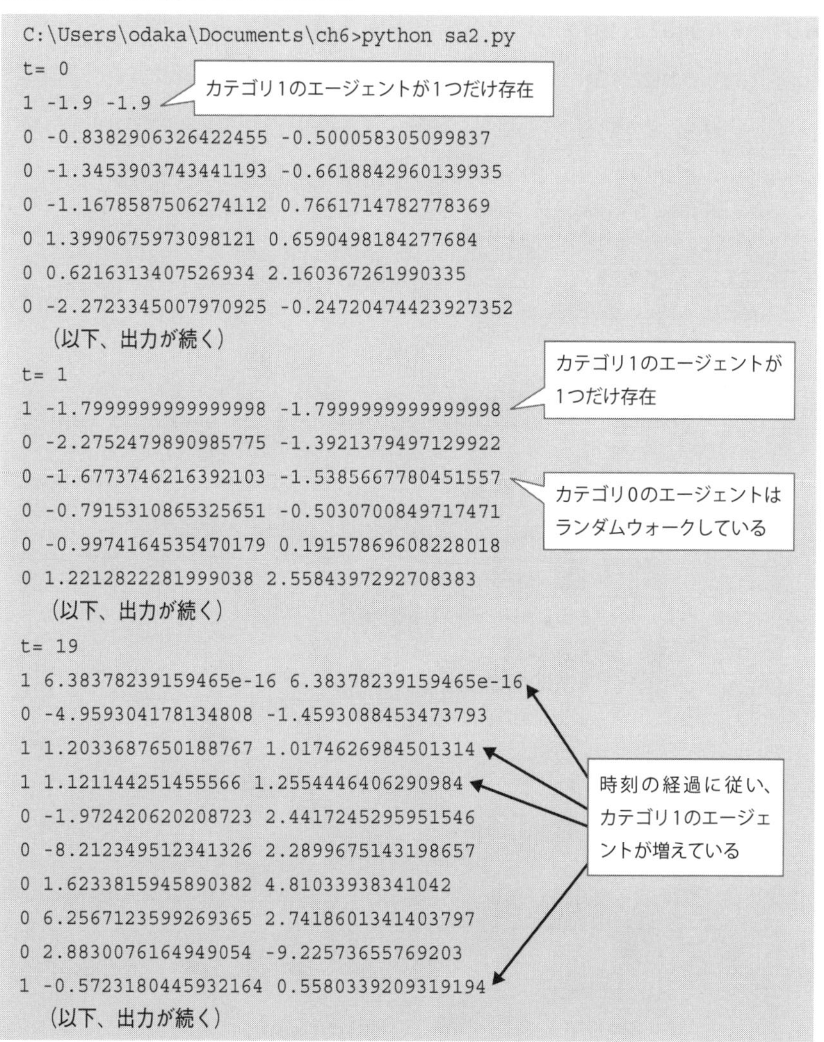

```
C:\Users\odaka\Documents\ch6>python sa2.py
t= 0
1 -1.9 -1.9
0 -0.8382906326422455 -0.500058305099837
0 -1.3453903743441193 -0.6618842960139935
0 -1.1678587506274112 0.7661714782778369
0 1.3990675973098121 0.6590498184277684
0 0.6216313407526934 2.160367261990335
0 -2.2723345007970925 -0.24720474423927352
  （以下、出力が続く）
t= 1
1 -1.7999999999999998 -1.7999999999999998
0 -2.2752479890985775 -1.3921379497129922
0 -1.6773746216392103 -1.5385667780451557
0 -0.7915310865325651 -0.5030700849717471
0 -0.9974164535470179 0.19157869608228018
0 1.2212822281999038 2.5584397292708383
  （以下、出力が続く）
t= 19
1 6.38378239159465e-16 6.38378239159465e-16
0 -4.959304178134808 -1.4593088453473793
1 1.2033687650188767 1.0174626984501314
1 1.121144251455566 1.2554446406290984
0 -1.972420620208723 2.4417245295951546
0 -8.212349512341326 2.2899675143198657
0 1.6233815945890382 4.81033938341042
0 6.2567123599269365 2.7418601341403797
0 2.8830076164949054 -9.22573655769203
1 -0.5723180445932164 0.5580339209319194
  （以下、出力が続く）
```


実行例6.3の実行結果をグラフ化するプログラムであるgsa2.pyを、**リスト6.7**に示します。また、gsa2.pyプログラムの出力画面例を**図6.8**に示します。図の(1)

はシミュレーション開始直後の状態であり、単一のカテゴリ1のエージェントが右上に向かって進んでいます。その後、カテゴリ1のエージェントはカテゴリ0のエージェントと接近することで仲間を増やし、図の(2)の状態では、カテゴリ1のエージェントが集団で右上に向かって移動している様子が確認できます。

■リスト6.7　gsa2.py プログラム

```
 1:# -*- coding: utf-8 -*-
 2:"""
 3:gsa2.pyプログラム
 4:シンプルなエージェントシミュレーション
 5:2次元平面内で動作するエージェント群
 6:2種類のエージェントが相互作用する
 7:結果をグラフ描画する
 8:使い方  c:\>python gsa2.py
 9:"""
10:# モジュールのインポート
11:import random
12:import numpy as np
13:import matplotlib.pyplot as plt
14:
15:# 定義
16:N = 30           # エージェントの個数
17:TIMELIMIT = 100  # シミュレーション打ち切り時刻
18:SEED = 65535     # 乱数の種
19:R = 0.1          # 近隣を規定する数値
20:DX = 0.1         # カテゴリ1のエージェントの速度
21:DY = 0.1         # カテゴリ1のエージェントの速度
22:
23:# クラス定義
24:# Agentクラス
25:class Agent:
26:    """エージェントを表現するクラスの定義"""
27:    def __init__(self, cat):  # コンストラクタ
28:        self.category = cat
29:        self.x = 0  # x座標の初期値
30:        self.y = 0  # y座標の初期値
31:    def calcnext(self):  # 次時刻の状態の計算
32:        if self.category == 0:
33:            self.cat0()  # カテゴリ0の計算
```

```
34:         elif self.category == 1:
35:             self.cat1()  # カテゴリ1の計算
36:         else:  # 合致するカテゴリがない
37:             print("ERROR カテゴリがありません\n")
38:     def cat0(self):  # カテゴリ0の計算メソッド
39:         # カテゴリ1のエージェントとの距離を調べる
40:         for i in range(len(a)):
41:             if a[i].category == 1:
42:                 c0x = self.x
43:                 c0y = self.y
44:                 ax = a[i].x
45:                 ay = a[i].y
46:                 if ((c0x - ax) * (c0x - ax) + (c0y - ay) * (c0y - ay)) < R:
47:                 # 隣接してカテゴリ1のエージェントがいる
48:                     self.category = 1  # カテゴリ1に変身
49:             else:  # カテゴリ1は近隣にはいない
50:                 self.x += random.random() - 0.5
51:                 self.y += random.random() - 0.5
52:
53:     def cat1(self):  # カテゴリ1の計算メソッド
54:         self.x += DX
55:         self.y += DY
56:     def putstate(self):  # 状態の出力
57:         print(self.category, self.x, self.y)
58:# agentクラスの定義の終わり
59:
60:# 下請け関数の定義
61:# calcn()関数
62:def calcn(a):
63:     """次時刻の状態を計算"""
64:     for i in range(len(a)):
65:         a[i].calcnext()
66:         # グラフデータに現在位置を追加
67:         if a[i].category == 0:
68:             xlist0.append(a[i].x)
69:             ylist0.append(a[i].y)
70:         elif a[i].category == 1:
71:             xlist1.append(a[i].x)
72:             ylist1.append(a[i].y)
```

```
 73:# calcn()関数の終わり
 74:
 75:# メイン実行部
 76:# 初期化
 77:random.seed(SEED)  # 乱数の初期化
 78:# カテゴリ0のエージェントの生成
 79:a = [Agent(0) for i in range(N)]
 80:# カテゴリ1のエージェントの設定
 81:a[0].category = 1
 82:a[0].x = -5
 83:a[0].y = -5
 84:
 85:# グラフデータの初期化
 86:# カテゴリ0のデータ
 87:xlist0 = []
 88:ylist0 = []
 89:# カテゴリ1のデータ
 90:xlist1 = []
 91:ylist1 = []
 92:# エージェントシミュレーション
 93:for t in range(TIMELIMIT):
 94:    calcn(a)  # 次時刻の状態を計算
 95:    # グラフの表示
 96:    plt.clf()  # グラフ領域のクリア
 97:    plt.axis([-40, 40, -40, 40])   # 描画領域の設定
 98:    plt.plot(xlist0, ylist0, ".")  # カテゴリ0をプロット
 99:    plt.plot(xlist1, ylist1, "+")  # カテゴリ1をプロット
100:    plt.pause(0.01)
101:    # 描画データのクリア
102:    xlist0.clear()
103:    ylist0.clear()
104:    xlist1.clear()
105:    ylist1.clear()
106:plt.show()
107:# gsa2.pyの終わり
```

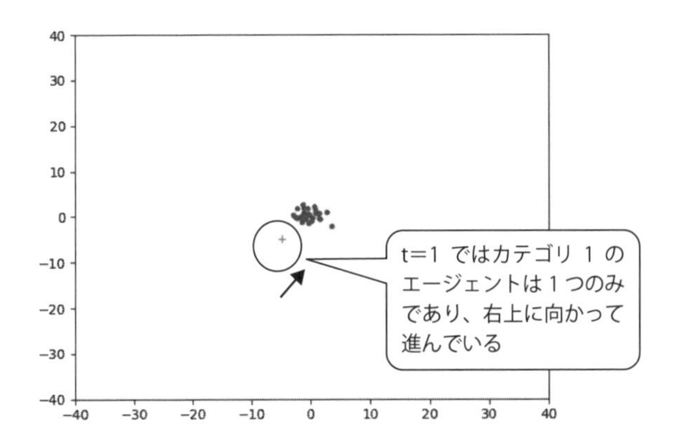

(1) t = 1における状態

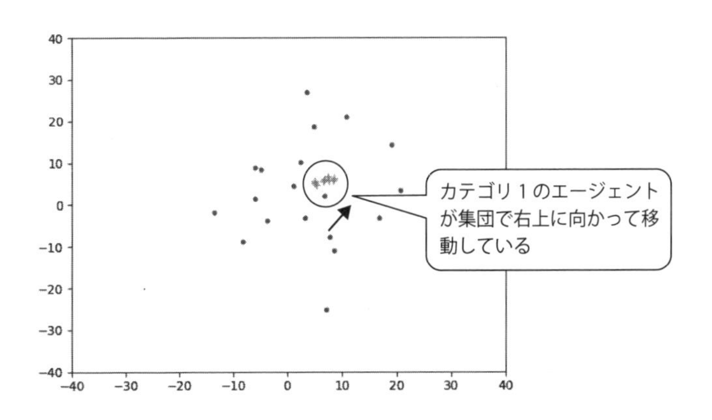

(2) t = 100における状態

■図 6.8　gsa2.py プログラムの出力画面例

6.2 マルチエージェントによる相互作用のシミュレーション

6.2.1 マルチエージェントによるシミュレーション

前節までに紹介した、平面内を運動するマルチエージェントシミュレーションの枠組みを利用して、エージェントの相互作用のシミュレーションを行います。特に、相互作用によって、エージェント集団の中を特定の形質が伝播する様子をシミュレートしましょう。あるいは、感染症がエージェント集団の中で広がる様子のシミュレーションとみなすこともできます。

シミュレーションの設定は次のとおりです。エージェントには、カテゴリ0とカテゴリ1の、2つのカテゴリがあります。どちらのカテゴリのエージェントも、ランダムウォークを行います。ただし、1時刻あたりの移動量には差をつけることができるようにします。

シミュレーション開始時にはカテゴリ0のエージェントA_{cat0}が大部分で、カテゴリ1のエージェントA_{cat1}は1つだけとします。A_{cat0}がA_{cat1}と接触すると、A_{cat0}は「感染」してA_{cat1}になります。逆の変化は起きません。このとき、A_{cat1}の移動量を変化させると、「感染」の様相がどう変化するのか、シミュレーションによって調べることにしましょう。

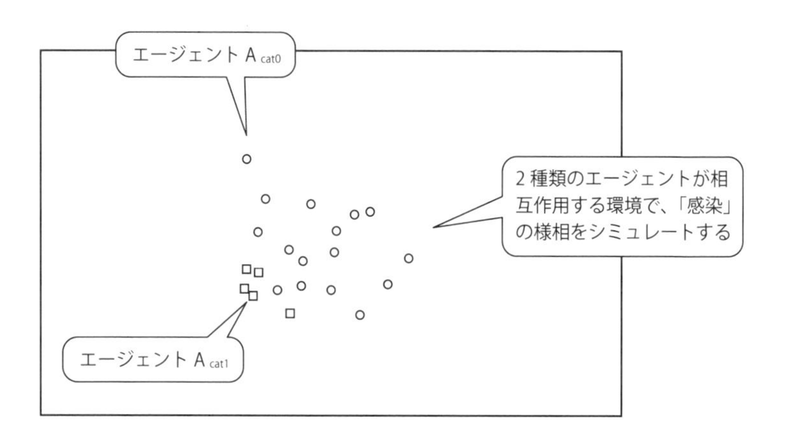

■図6.9　マルチエージェントの相互作用シミュレーション

6.2.2　マルチエージェントシミュレーションプログラム

「感染」のシミュレーションプログラムinfection.pyは、sa2.pyプログラムを拡張することで構成できます。sa2.pyプログラムにおける処理内容の拡張点は、次の2点です。

第一に、カテゴリ1のエージェントの行動制御を、単純な直進からランダムウォークに変更します。この際に、カテゴリごとに移動量を変化させるため、カテゴリ1のエージェントについては移動量に係数factorを乗ずることにします。係数factorの調整によって、カテゴリ1のエージェントの動作を、カテゴリ0のエージェントより抑えたり活発にしたりすることができます。

カテゴリ1のエージェントの移動は次のように計算します。

```
self.x += (random.random() - 0.5) * factor
self.y += (random.random() - 0.5) * factor
```

第二に、係数factorの設定があります。ここでは、factorはプログラムへの入力としてinfection.pyプログラムに与えることとします。このための処理をsa2.pyプログラムに加える必要があります。

以上の方針で作成したプログラムinfection.pyのソースコードを**リスト6.8**に示します。また実行例を**実行例6.4**に示します。

■リスト6.8　infection.pyプログラム

```
 1:# -*- coding: utf-8 -*-
 2:"""
 3:infection.pyプログラム
 4:「感染」のエージェントシミュレーション
 5:2次元平面内で動作するエージェント群
 6:2種類のエージェントが相互作用する
 7:使い方　c:\>python infection.py
 8:"""
 9:# モジュールのインポート
10:import random
11:import numpy as np
12:import matplotlib.pyplot as plt
13:
14:# グローバル変数
15:N = 100           # エージェントの個数
16:TIMELIMIT = 100   # シミュレーション打ち切り時刻
17:SEED = 65535      # 乱数の種
18:R = 0.5           # 近隣を規定する数値
19:factor = 1.0      # カテゴリ1のエージェントの歩幅
20:
21:# クラス定義
22:# Agentクラス
23:class Agent:
24:    """エージェントを表現するクラスの定義"""
25:    def __init__(self, cat):  # コンストラクタ
```

```
26:         self.category = cat
27:         self.x = (random.random() - 0.5) * 20  # x座標の初期値
28:         self.y = (random.random() - 0.5) * 20  # y座標の初期値
29:     def calcnext(self):  # 次時刻の状態の計算
30:         if self.category == 0:
31:             self.cat0()  # カテゴリ0の計算
32:         elif self.category == 1:
33:             self.cat1()  # カテゴリ1の計算
34:         else:  # 合致するカテゴリがない
35:             print("ERROR カテゴリがありません\n")
36:     def cat0(self):  # カテゴリ0の計算メソッド
37:         # カテゴリ1のエージェントとの距離を調べる
38:         for i in range(len(a)):
39:             if a[i].category == 1:
40:                 c0x = self.x
41:                 c0y = self.y
42:                 ax = a[i].x
43:                 ay = a[i].y
44:                 if ((c0x - ax) * (c0x - ax) + (c0y - ay) * (c0y - ay)) < R:
45:                 # 隣接してカテゴリ1のエージェントがいる
46:                     self.category = 1  # カテゴリ1に変身
47:         # 位置の更新
48:         self.x += random.random() - 0.5
49:         self.y += random.random() - 0.5
50:
51:     def cat1(self):  # カテゴリ1の計算メソッド
52:         self.x += (random.random() - 0.5) * factor
53:         self.y += (random.random() - 0.5) * factor
54:     def putstate(self):  # 状態の出力
55:         print(self.category, self.x, self.y)
56:# agentクラスの定義の終わり
57:
58:# 下請け関数の定義
59:# calcn()関数
60:def calcn(a):
61:     """次時刻の状態を計算"""
62:     for i in range(len(a)):
63:         a[i].calcnext()
64:         a[i].putstate()
```

```
65:# calcn()関数の終わり
66:
67:# メイン実行部
68:# 初期化
69:random.seed(SEED)  # 乱数の初期化
70:# カテゴリ0のエージェントの生成
71:a = [Agent(0) for i in range(N)]
72:# カテゴリ1のエージェントの設定
73:a[0].category = 1
74:a[0].x = -2
75:a[0].y = -2
76:# カテゴリ1のエージェントの歩幅factorの設定
77:factor = float(input("カテゴリ1の歩幅factorを入力してください:"))
78:
79:# エージェントシミュレーション
80:for t in range(TIMELIMIT):
81:    print("t=", t)
82:    calcn(a)  # 次時刻の状態を計算
83:# infection.pyの終わり
```

■実行例 6.4　infection.py プログラムの実行例

```
C:\Users\odaka\Documents\ch6>python infection.py
カテゴリ1の歩幅factorを入力してください:0.5
t= 0
1 -2.231476691997716 -1.8278318074609712
0 -2.6730484176751075 -1.559383935778016
0 -2.108379970847516 4.926711205514627
0 0.5266631511886093 1.5275846546185692
0 -4.050210263168189 2.3957808315617894
0 4.192780615216193 -3.5184747710520727
  (以下、出力が続く)
t= 59
1 -2.764247444000137 0.28218017146785457
1 -5.882211172801766 -1.6066226379418875
1 -0.5813802412175701 -2.6294213992173696
1 -2.408961770435771 5.01963544454752
1 -4.129735661493434 0.14977022753903563
0 -35.737676684392255 19.684923042628572
1 -5.379696330737046 -5.816498346398648
```

カテゴリ1の「感染」したエージェントは、速度がカテゴリ0のエージェントの1/2

時刻が進むにつれて、「感染」が広がっていく

```
0 -20.82435498736591 16.782268564785056
0 -27.447948351825367 4.433588070485401
0 -6.67573057600324 45.46223377120194
1 2.8104550565805173 -3.616435161020271
0 1.2635791481093195 -15.590726043738538
   （以下、出力が続く）
```

infection.pyプログラムに可視化の機能を追加したプログラムであるginfection.pyを、**リスト6.9**に示します。

■リスト6.9　ginfection.pyプログラム

```
 1:# -*- coding: utf-8 -*-
 2:"""
 3:ginfection.pyプログラム
 4:「感染」のエージェントシミュレーション
 5:2次元平面内で動作するエージェント群
 6:2種類のエージェントが相互作用する
 7:結果をグラフ描画する
 8:使い方　c:\>python ginfection.py
 9:"""
10:# モジュールのインポート
11:import random
12:import numpy as np
13:import matplotlib.pyplot as plt
14:
15:# グローバル変数
16:N = 100             # エージェントの個数
17:TIMELIMIT = 100     # シミュレーション打ち切り時刻
18:SEED = 65535        # 乱数の種
19:R = 0.5             # 近隣を規定する数値
20:factor = 1.0        # カテゴリ1のエージェントの歩幅
21:
22:# クラス定義
23:# Agentクラス
24:class Agent:
25:    """エージェントを表現するクラスの定義"""
26:    def __init__(self, cat):  # コンストラクタ
27:        self.category = cat
28:        self.x = (random.random() - 0.5) * 20  # x座標の初期値
```

```
29:         self.y = (random.random() - 0.5) * 20  # y座標の初期値
30:     def calcnext(self):  # 次時刻の状態の計算
31:         if self.category == 0:
32:             self.cat0()  # カテゴリ0の計算
33:         elif self.category == 1:
34:             self.cat1()  # カテゴリ1の計算
35:         else:  # 合致するカテゴリがない
36:             print("ERROR カテゴリがありません\n")
37:     def cat0(self):  # カテゴリ0の計算メソッド
38:         # カテゴリ1のエージェントとの距離を調べる
39:         for i in range(len(a)):
40:             if a[i].category == 1:
41:                 c0x = self.x
42:                 c0y = self.y
43:                 ax = a[i].x
44:                 ay = a[i].y
45:                 if ((c0x - ax) * (c0x - ax) + (c0y - ay) * (c0y - ay)) < R:
46:                 # 隣接してカテゴリ1のエージェントがいる
47:                     self.category = 1  # カテゴリ1に変身
48:         # 位置の更新
49:         self.x += random.random() - 0.5
50:         self.y += random.random() - 0.5
51:
52:     def cat1(self):  # カテゴリ1の計算メソッド
53:         self.x += (random.random() - 0.5) * factor
54:         self.y += (random.random() - 0.5) * factor
55:     def putstate(self):  # 状態の出力
56:         print(self.category, self.x, self.y)
57:# agentクラスの定義の終わり
58:
59:# 下請け関数の定義
60:# calcn()関数
61:def calcn(a):
62:     """次時刻の状態を計算"""
63:     for i in range(len(a)):
64:         a[i].calcnext()
65:         a[i].putstate()
66:         # グラフデータに現在位置を追加
67:         if a[i].category == 0:
68:             xlist0.append(a[i].x)
```

```
 69:            ylist0.append(a[i].y)
 70:        elif a[i].category == 1:
 71:            xlist1.append(a[i].x)
 72:            ylist1.append(a[i].y)
 73:# calcn()関数の終わり
 74:
 75:# メイン実行部
 76:# 初期化
 77:random.seed(SEED)  # 乱数の初期化
 78:# カテゴリ0のエージェントの生成
 79:a = [Agent(0) for i in range(N)]
 80:# カテゴリ1のエージェントの設定
 81:a[0].category = 1
 82:a[0].x = -2
 83:a[0].y = -2
 84:# カテゴリ1のエージェントの歩幅factorの設定
 85:factor = float(input("カテゴリ1の歩幅factorを入力してください:"))
 86:# グラフデータの初期化
 87:# カテゴリ0のデータ
 88:xlist0 = []
 89:ylist0 = []
 90:# カテゴリ1のデータ
 91:xlist1 = []
 92:ylist1 = []
 93:# エージェントシミュレーション
 94:for t in range(TIMELIMIT):
 95:    calcn(a)  # 次時刻の状態を計算
 96:    # グラフの表示
 97:    plt.clf()  # グラフ領域のクリア
 98:    plt.axis([-40, 40, -40, 40])    # 描画領域の設定
 99:    plt.plot(xlist0, ylist0, ".")  # カテゴリ0をプロット
100:    plt.plot(xlist1, ylist1, "+")  # カテゴリ1をプロット
101:    plt.pause(0.01)
102:    # 描画データのクリア
103:    xlist0.clear()
104:    ylist0.clear()
105:    xlist1.clear()
106:    ylist1.clear()
107:plt.show()
108:# ginfection.pyの終わり
```

ginfection.pyプログラムの出力画面例を**図6.10**および**図6.11**に示します。図6.10ではfactor = 2としており、「感染」したエージェントであるカテゴリ1エージェントが活発に移動する場合です。時刻t = 100では、「感染」が集団内に広がっています。図6.11はfactor = 0.1であり、カテゴリ1のエージェントの移動速度はカテゴリ0のエージェントの1/10です。この場合には、時刻t = 100でも、「感染」は限定的です。

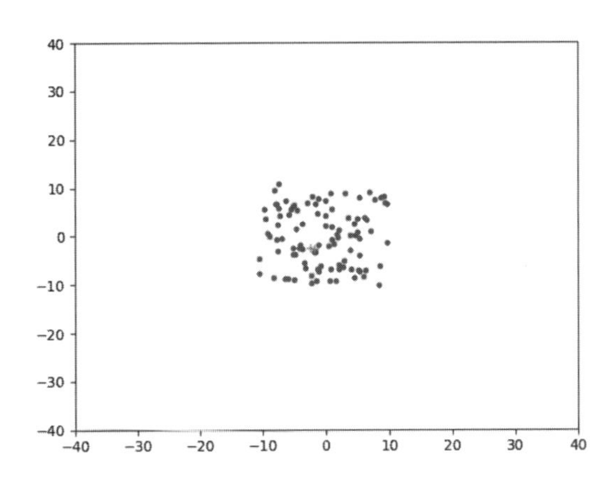

①t = 5「感染」の初期状態

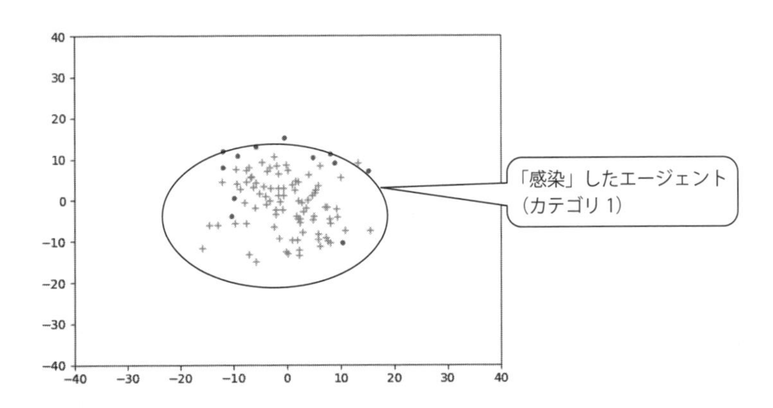

②t = 100「感染」が集団内に広がる

■図 6.10　ginfection.py プログラムの出力画面例 (1)：factor が 2 の場合

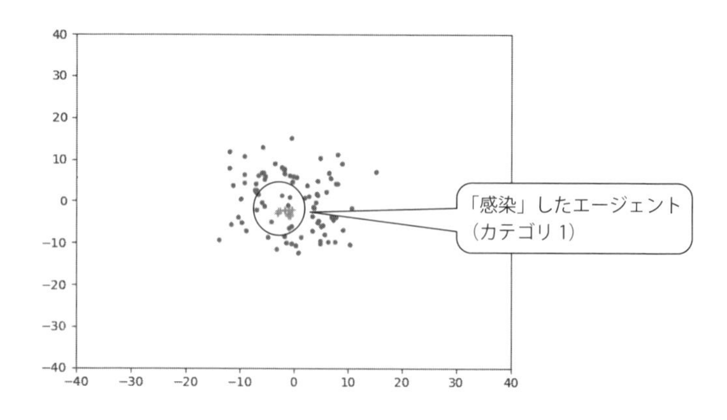

■図6.11　ginfection.py プログラムの出力画面例 (2)：factor が 0.1 の場合。t = 100 においても、「感染」は限定的

章末問題

(1) 本章で示したマルチエージェントシミュレーションプログラムは、本書の総まとめのようなプログラムです。マルチエージェントシミュレーションに、第2章や第3章で示したような物理シミュレーションの要素を組み込むことは容易です。第4章のセルオートマトンや第5章の乱数シミュレーションの要素はすでに組み込み済みですが、これらをさらに積極的に導入することも可能です。マルチエージェントシミュレーションでは、設計者が何の制約も受けずにシミュレーションの条件を設定することができます。ぜひ、マルチエージェントの考え方で、オリジナルのシミュレーションシステムを構築してみてください。

(2) infection.pyプログラムでは、エージェントはランダムウォークにより移動します。エージェントの移動方法を変更し、たとえば平面上の2箇所を行き来するエージェント集団で何が起きるかをシミュレートしてみてください。エージェントの種類を増やしたり、移動のパターンを複雑化するなど、さらに複雑な設定のシミュレーションを行うことも容易ですので、挑戦してみてください。

付録

A.1 4次のルンゲ=クッタ法の公式

第2章で触れたルンゲ=クッタ法の公式のうち、最もよく用いられる4次のルンゲクッタ法の公式を示します。

次の一階常微分方程式

$$\frac{dy}{dx} = f(x, y) \qquad \text{ただし} \quad y(x_0) = y_0$$

について、刻み幅hで$x_n = x_0 + nh$を決め、これに対応するyの値y_nが求まると、y_{n+1}の値は次のように求まります。

$$y_{n+1} = y_n + k_1/6 + k_2/3 + k_3/3 + k_4/6$$

ただし、

$$k_1 = hf(x_n, y_n)$$
$$k_2 = hf(x_n + \frac{h}{2}, y_n + \frac{k_1}{2})$$
$$k_3 = hf(x_n + \frac{h}{2}, y_n + \frac{k_2}{2})$$
$$k_4 = hf(x_n + h, y_n + k_3)$$

A.2 ラプラスの方程式が周囲4点の差分で近似できることの説明

第3章で、ラプラスの方程式が周囲4点の差分で近似できることを直感的に述べました。これは、偏微分を差分として考えることで同様の結論を得ることができます。

本文で述べたように、以下では簡単のためx方向とy方向に同じ幅hで格子点を設定します。

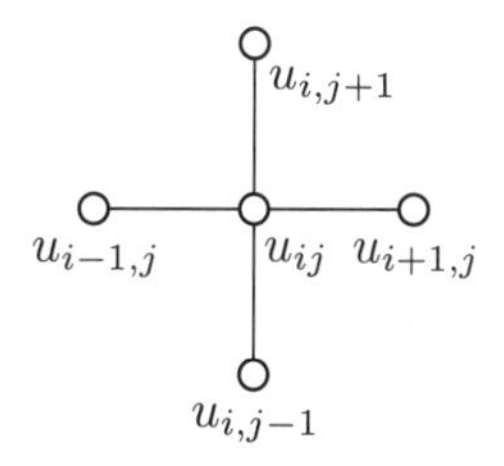

■図 A.1　格子点の設定

するとxについての偏微分$\frac{\partial u(x,y)}{\partial x}$は、$h$が十分小さければ、$u_{ij}$の左右両側における格子点間の差分として、それぞれ次のように表せます。

$$\frac{\partial u(x,y)}{\partial x} = \frac{u_{i+1,j} - u_{ij}}{h}, \frac{\partial u(x,y)}{\partial x} = \frac{u_{ij} - u_{i-1,j}}{h}$$

したがって二階微分は、両者の差を求めてhで割ることで、次のようになります。

$$\begin{aligned}\frac{\partial^2 u(x,y)}{\partial x^2} &= \frac{\frac{u_{i+1,j} - u_{ij}}{h} - \frac{u_{ij} - u_{i-1,j}}{h}}{h} \\ &= \frac{u_{i+1,j} - 2u_{ij} + u_{i-1,j}}{h^2}\end{aligned}$$

同様に$\frac{\partial^2 u(x,y)}{\partial y^2}$を求めると、

$$\frac{\partial^2 u(x,y)}{\partial y^2} = \frac{u_{i,j+1} - 2u_{ij} + u_{i,j-1}}{h^2}$$

となります。したがって、ラプラスの方程式$\Delta u(x,y) = 0$は、

$$\begin{aligned}\Delta u(x,y) &= \frac{\partial^2 u(x,y)}{\partial x^2} + \frac{\partial^2 u(x,y)}{\partial y^2} \\ &= \frac{u_{i+1,j} - 2u_{ij} + u_{i-1,j}}{h^2} + \frac{u_{i,j+1} - 2u_{ij} + u_{i,j-1}}{h^2} = 0\end{aligned}$$

よって、

$$\frac{u_{i+1,j}+u_{i-1,j}+u_{i,j+1}+u_{i,j-1}-4u_{ij}}{h^2}=0$$

h^2を両辺に掛けて整理すると、

$$u_{ij}=\frac{u_{i,j-1}+u_{i-1,j}+u_{i+1,j}+u_{i,j+1}}{4}$$

となり、第3章の本文の式(6)と一致します。

A.3 ナップサック問題の解法プログラムrkp30.py

第5章で述べたrkp30.pyプログラムのソースコードを**リストA.1**に示します。本文で紹介したrkp.pyプログラムと異なるのは、重さと価値の初期設定部分（11行目〜18行目）です。

■リストA.1　rkp30.pyプログラム

```
 1:# -*- coding: utf-8 -*-
 2:"""
 3:rkp30.pyプログラム
 4:ナップサック問題をランダム探索で解くプログラム
 5:使い方  c:\>python rkp30.py
 6:"""
 7:# モジュールのインポート
 8:import random
 9:
10:# グローバル変数
11:weights = [87, 66, 70, 25, 33, 24, 89, 63, 23,
12:           54, 88, 7, 48, 76, 60, 58, 53, 72,
13:           53, 16, 19, 47, 50, 95, 17, 25, 87,
14:           66, 70, 25]  # 重さ
15:values = [96, 55, 21, 58, 41, 81, 8, 99,
```

```
16:          59, 62, 100, 93, 61, 52, 78,
17:          21, 31, 23, 2, 10, 34, 97, 41,
18:          40, 43, 91, 96, 55, 21, 58]  # 価値
19:N = len(weights)  # 荷物の個数
20:SEED = 32767      # 乱数の種
21:R = 10            # 実験の繰り返し回数
22:
23:# 下請け関数の定義
24:# solvekp()関数
25:def solvekp(p, weightlimit, nlimit, N):
26:    """問題を解く"""
27:    maxvalue = 0  # 合計価値の最大値
28:    mweight = 0   # maxvalue時の重さ
29:    bestp = [0 for i in range(N)]
30:    for i in range(nlimit):
31:        rsetp(p, N)  # 乱数による荷物の詰め合わせ
32:        weight = calcw(p, N)
33:        if weight <= weightlimit:  # 制限重量以内
34:             value = calcval(p, N)  # 評価値の計算
35:        else:
36:             value = 0  # 重量オーバー
37:        if value > maxvalue:  # 最良解を更新
38:            maxvalue = value
39:            mweight = weight
40:            for j in range(N):
41:                bestp[j] = p[j]
42:    print(maxvalue, " ", mweight)
43:    print(bestp)
44:# solvekp()関数の終わり
45:
46:# calcw()関数
47:def calcw(p, N):
48:    """重量の計算"""
49:    w = 0
50:    for i in range(N):
51:        w += weights[i] * p[i]
52:    return w
53:# calcw()関数の終わり
54:
```

```
55:# calcval()関数
56:def calcval(p, N):
57:    """評価値の計算"""
58:    v = 0
59:    for i in range(N):
60:        v += values[i] * p[i]
61:    return v
62:# calcval()関数の終わり
63:
64:# rsetp()関数
65:def rsetp(p, N):
66:    """乱数による荷物の詰め合わせ"""
67:    for i in range(N):
68:        p[i] = int(random.random() * 2)
69:# rsetp()関数の終わり
70:
71:# メイン実行部
72:p = [0 for i in range(N)]  # 問題の答え
73:# 制限重量の入力
74:weightlimit = int(input("制限重量を入力してください:"))
75:# 試行回数の入力
76:nlimit = int(input("試行回数を入力してください:"))
77:# 乱数の初期化
78:random.seed(SEED)
79:# 問題を解く
80:# 実験の繰り返し
81:for i in range(R):
82:    solvekp(p, weightlimit, nlimit, N)
83:# rkp30.pyの終わり
```

A.4 シンプソンの公式

第5章に示した台形公式は、関数$f(x)$を直線で近似して数値積分を行います。これに対して、$f(x)$を2次曲線で近似する数値積分の公式としてシンプソンの公式が知られています。

シンプソンの公式は次のとおりです。シンプソンの公式では、2次曲線で関数を近似する都合上、積分区間を偶数等分します。

$$\int_{x_0}^{x_n} f(x)dx$$
$$=(\frac{f(x_0)}{3}+\frac{4}{3}f(x_1)+\frac{2}{3}f(x_2)+\frac{4}{3}f(x_3)+\frac{2}{3}f(x_4)+\cdots+\frac{2}{3}f(x_{n-2})+\frac{4}{3}f(x_{n-1})+\frac{f(x_n)}{3})\times h$$

ただしnは偶数

章末問題略解

第1章

(1) 数値計算やシミュレーションを行うためには、対象とする系の性質を理解した上で、適切な計算手法を選択してプログラムを構築する必要があります。そのためには、対象システムの性質を理解するとともに、数値計算やシミュレーションの原理とアルゴリズムをよく理解しなければなりません。これらの理解が不十分なままにモジュールを利用してプログラムを構成しても、妥当な結果を得ることは困難です。

(2) $b > 0$の場合、以下のように分子を有理化して計算します。

$$
\begin{aligned}
x_1 &= \frac{-b - \sqrt{b^2 - 4ac}}{2a} \\
x_2 &= \frac{-b + \sqrt{b^2 - 4ac}}{2a} \times \frac{b + \sqrt{b^2 - 4ac}}{b + \sqrt{b^2 - 4ac}} \\
&= -\frac{2c}{b + \sqrt{b^2 - 4ac}}
\end{aligned}
$$

第2章

(1) 付録A.1に基づき、k_1からk_4の順番に値を計算する点に注意して、プログラムを作成します。

(2) プログラムは、本文で扱ったfreefall.pyプログラムやlander.pyプログラムとほぼ同様の構造となります。

(3) シミュレーション結果自体は、本文で示したefield.pyプログラムとほぼ同様となります。

(4) 運動する質点が電荷に近づきすぎない限りは、シミュレーションに問題は生じません。しかし、両者の電荷の符号が同一である場合に両者が非常に近づくと、シミュレーションが破綻してしまいます。この場合には、質点と電荷の間に極端に大きな斥力が生じてしまい、シミュレーションの1ステップでとても大きな距離を移動するという、現実にはありえない状況が発生するからです。これは、シミュレーションでは時間が離散化されていることによる結果です。

第３章

(1) 第2章章末問題の「ハイパー☆カーリング」ゲームの背景とする場合、ゲーム内で配置する固定された電荷を用いて、電界の様子を計算します。

(2) たとえば、multiprocessingというモジュールを用いることで並列処理を行えます。

(3) 拡散方程式を用いると、物質が時間とともに拡散する様子を計算できます。たとえば、水の中にインクを1滴垂らしたときの時間変化（拡散の様子）をシミュレートすることができます。

第４章

(1) 時間遷移を記述するルール表であるrule[]を拡大するなど、プログラムに拡張が必要となります。

(2) 1次元セルオートマトンのシミュレーシ.ョンプログラムca1.pyに対して周期境界条件を適用するには、状態遷移を計算するnextt()関数を変更する必要があります。また、2次元セルオートマトンのシミュレーションであるライフゲームプログラムlife.pyプログラムに対して周期境界条件を適用すると、たとえばグライダーのパターンが移動を繰り返して下端に達したときに、パターンを保ったままでグライダーが上端から現れるようになります。

(3) ライフゲームにおける生物の配置パターンのうち、シミュレーションの上から興味深い配置の例を以下に示します。下記のうち「どんぐり」は、5200世代以上にわたって繁栄を続けます。参考文献[5]には、永久に拡張し続けるパターンなども紹介されていますので、参考にしてください。

		1		
		1		
		1		

w ブリンカー

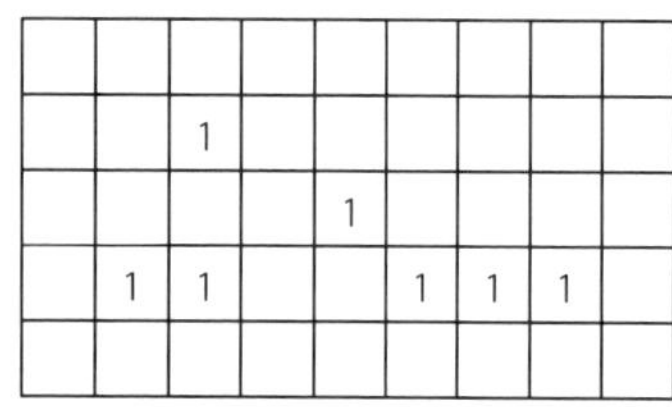

R ペントミノ

		1						
				1				
	1	1			1	1	1	

どんぐり

(4) こうした拡張を施すことで、実際の交通流により近いシミュレーションを行うことができます。

第5章

(1) カイ二乗検定による乱数の検定においては、乱数を発生させる区間を細分化して、細分化した各区間において乱数が均等に発生しているかどうかによって、乱数の一様性を調べます。また、乱数の相関性を調べるには、相関係数を利用することができます。

(2) シンプソンの公式は、被積分関数を二次関数で近似することで数値積分を行うための公式です。

(3) ナップサック問題を力ずくで解くためには、繰り返しを利用したり、関数の再帰呼び出しを利用したりすることで、荷物の組み合わせを網羅的に生成します。後者の場合には、以下のような考え方でsolvekp()関数を実装します。ここで、引数のpは答えを格納するためのリストであり、iは現在着目している荷物の番号です。

```
def solvekp(p, i, 重量の合計値, 価値の合計値)
    iが荷物の個数と一致して、価値の合計値がそれまでの最大値を更新したら、値を出力する
    そうでなければ、以下を実行する
        p[i]=0とし、solvekp(p, i + 1, 重量の合計値, 価値の合計値)関数を呼び出す
        p[i]=1とし、重量と価値の合計値を更新してから、solvekp(p, i + 1, 重量の合
        計値, 価値の合計値)関数を呼び出す
```

solvekp()関数を使ってナップサック問題の解を求めるためには、メイン実行部から以下のようにsolvekp()関数を呼び出します。ただしNは、荷物の個数です。

```
p = [0 for i in range(N)]   # 問題の答え
solvekp(p, 0, 0, 0)
```

solvekp()関数の処理において、p[i]=1以下の枝を検索する際に、あらかじめ重量の合計値が制限を超えているかどうかを調べて、超えていたら呼び出しをやめることで探索を高速化できます。これが、分枝限定法による枝刈りです。枝刈りを導入した場合のsolvekp()関数を以下に示します。

```
def solvekp(p, i, 重量の合計値, 価値の合計値)
    iが荷物の個数と一致して、価値の合計値がそれまでの最大値を更新したら、値を出力
    そうでなければ、以下を実行する
        p[i]=0とし、solvekp(p, i + 1, 重量の合計値, 価値の合計値)関数を呼び出す
        もしi番目の荷物の重量を加えても重量の合計値が制限を超えていなければ、p[i]=1
        とし、重量と価値の合計値を更新してから、solvekp(p, i + 1, 重量の合計値,
        価値の合計値)関数を呼び出す
```

第6章

(1) エージェントの内部状態（属性）を追加する他、エージェントの動作を追加する等を試みてください。

(2) たとえば、電車で移動するエージェントをシミュレートし、電車の本数を間引くことで感染の拡大に影響が出るか等を調べてみてください。

参考文献

本書と関係する参考文献を下記に示します。

[1]はPython3の入門書であり、本書で紹介したプログラムについての理解の参考になる書籍です。[2]は力学教科書の古典的名著で、精密で正確な教科書である上に、ストーリーを持った読み物としても優れた著作です。また、運動シミュレーションの参考文献としても有用です。[3]は数値計算の教科書であり、間口の広い網羅的かつ実用的な記述がなされています。[4]には、コンピュータで数値を扱うことについての深い議論や、本書第5章で扱った乱数についての詳細な記述があります。[5]は本書第4章で例題としたライフゲームに関する文献です。[6]は、先に刊行した本書のC言語版の書籍です。

[1] Bill Lubanovic（著）、斎藤 康毅（監修）、長尾 高弘（訳）：入門 Python 3、オライリージャパン、2015.

[2] ファインマン、レイトン、サンズ：ファインマン物理学（1）力学、岩波書店、1967.

[3] William H. Press他：ニューメリカルレシピ・イン・シー、技術評論社、1993.

[4] Donald E.Knuth（著）、有沢 誠、和田 英一（監訳）：The Art of Computer Programming（2）日本語版、アスキー、2004.

[5] William Poundstone（著）、有澤 誠（訳）：ライフゲイムの宇宙（新装版）、日本評論社、2003.

[6] 小高 知宏：Cによる数値計算とシミュレーション、オーム社、2009.

索引

〈著者略歴〉
小 高 知 宏 （おだか　ともひろ）

1983 年　早稲田大学理工学部卒業
1990 年　早稲田大学大学院理工学研究科後期課程修了、工学博士
同　年　九州大学医学部附属病院助手
1993 年　福井大学工学部情報工学科助教授
1999 年　福井大学工学部知能システム工学科助教授
2004 年　福井大学大学院工学研究科教授
現在に至る

〈主な著書〉
『計算機システム』森北出版（1999）
『基礎からわかる TCP/IP Java ネットワークプログラミング　第 2 版』オーム社（2002）
『TCP/IP で学ぶ　コンピュータネットワークの基礎』森北出版（2003）
『TCP/IP で学ぶ　ネットワークシステム』森北出版（2006）
『はじめての AI プログラミング―C 言語で作る人工知能と人工無能―』オーム社（2006）
『はじめての機械学習』オーム社（2011）
『AI による大規模データ処理入門』オーム社（2013）
『人工知能入門』共立出版（2015）
『コンピュータ科学とプログラミング入門』近代科学社（2015）
『機械学習と深層学習 ―C 言語によるシミュレーション―』オーム社（2016）
『自然言語処理と深層学習 ―C 言語によるシミュレーション―』オーム社（2017）
『強化学習と深層学習 ―C 言語によるシミュレーション―』オーム社（2017）

Python による数値計算とシミュレーション

2018 年 1 月 25 日　第 1 版第 1 刷発行
2021 年 5 月 10 日　第 1 版第 7 刷発行

著　者　小 高 知 宏
発 行 者　村 上 和 夫
発 行 所　株式会社 オ ー ム 社
郵便番号　101-8460
東京都千代田区神田錦町 3-1
電 話　03(3233)0641(代表)
URL　https://www.ohmsha.co.jp/

組版　トップスタジオ　　印刷・製本　千修
ISBN978-4-274-22170-5　Printed in Japan